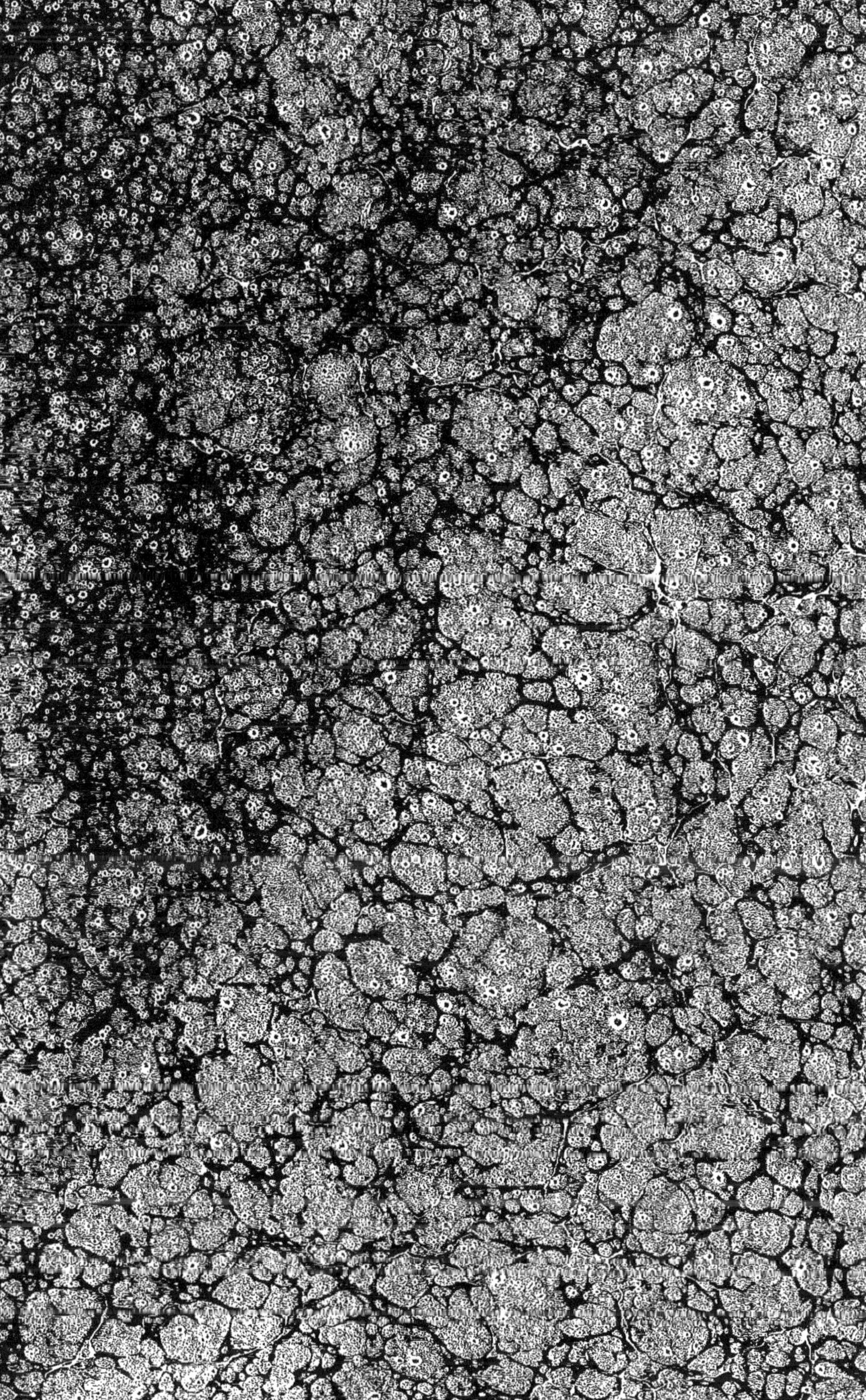

THÈSES

POUR LE DOCTORAT

ÈS SCIENCES NATURELLES,

PRÉSENTÉES ET SOUTENUES

A LA FACULTÉ DES SCIENCES DE PARIS,

le Mai 1847,

PAR

JULES GRANGE,

LICENCIÉ ÈS SCIENCES NATURELLES,

Docteur en Médecine de la Faculté de Paris, Chirurgien de la Marine royale,
Collaborateur de la publication scientifique de L'ASTROLABE et de LA ZÉLÉE,
sous le commandement du contre-amiral Dumont d'Urville (1837, 1838, 1839, 1840);
Membre de la Société de Statistique et de la Société géologique de France.

THÈSE DE GÉOLOGIE.

Recherches sur les glaciers, les glaces flottantes, et sur les dépôts erratiques qui se forment sous leur influence.

THÈSE DE BOTANIQUE.

De l'influence des climats et de la configuration des terres sur la distribution des végétaux.

PARIS,

IMPRIMERIE DE BACHELIER,

RUE DU JARDINET, 12.

1847

ACADÉMIE DE PARIS.

FACULTÉ DES SCIENCES.

A MONSIEUR LE BARON

ALEXANDRE DE HUMBOLDT,

Hommage de mon admiration et de mon profond respect,

J. GRANGE.

A MON COMPATRIOTE ET AMI

M. VINCENDON-DUMOULIN,

Qui a bien voulu m'aider, dans ce travail, de ses observations et de son profond savoir.

A mes collaborateurs

DE LA PUBLICATION DU VOYAGE DES CORVETTES L'ASTROLABE ET LA ZÉLÉE.

THESE DE GÉOLOGIE.

RECHERCHES

SUR

LES GLACIERS, LES GLACES FLOTTANTES,

et sur

LES DÉPÔTS ERRATIQUES QUI SE FORMENT SOUS LEUR INFLUENCE.

> Deux fluides, l'eau et l'air, contribuent à rendre la distribution de la chaleur plus uniforme, et à mêler les diverses températures qui résultent de l'inégale absorption et émission de la chaleur sur la surface des continents. (M. Alex. de Humboldt. *Asie centrale, et recherches sur les chaînes de montagnes et la climatologie comparée*, t. III, p. 350.)

Les travaux qui ont été publiés depuis quelques années sur les glaciers de l'Europe et sur les dépôts que forment ces glaciers ont excité à un si haut degré l'attention des géologues et des physiciens, que nous espérons que l'on accueillera avec bienveillance ce résumé de nos recherches et de nos observations sur les glaciers et les glaces flottantes des régions polaires, sur la distribution géographique et la limite inférieure des neiges perpétuelles dans les divers climats, et enfin sur les dépôts erratiques que l'on rapporte à la double influence des glaciers et des glaces flottantes.

Nous avons eu spécialement pour but, dans ce travail, de comparer les caractères que présentent les glaciers sous les diverses latitudes, d'étudier les modifications qui se rapportent aux conditions climatériques, le mécanisme de la formation des glaces flottantes, les conditions favorables à leur développement, et les circonstances dans lesquelles peut avoir lieu le transport des blocs erratiques, de rechercher enfin les lois météorologiques qui président à la disposition géographique des lignes de neiges perpétuelles, et d'expliquer par ces lois la formation des dépôts erratiques.

Nous avons consulté avec soin tous les travaux qui ont été faits sur les glaciers de la Suisse, de la Scandinavie, du Spitzberg. Nous avons groupé toutes les observations que nous avons trouvées éparses dans les relations des voyages au pôle nord, entrepris par les Anglais et par les autres peuples du Nord, dans l'espoir de découvrir un passage au nord-ouest, et plus tard pour atteindre le pôle. Nous avons d'autre part recueilli les faits observés dans les campagnes sous le cercle polaire antarctique; les deux explorations de *l'Astrolabe* et de *la Zélée* nous ont donné un grand nombre d'observations d'un haut intérêt.

En réunissant toutes ces données, en les analysant, en les comparant entre elles, nous sommes arrivé à tirer de l'ensemble de ces phénomènes des inductions générales que nous présenterons rapidement. Nous n'avons pu donner une analyse de toutes les observations que nous avons puisées dans les ouvrages que nous avons consultés; nous aurions été entraîné bien loin des limites que nous nous sommes tracées. Nous nous contenterons de faire les citations essentielles, que l'on pourra vérifier dans les travaux originaux. Dans l'ouvrage de géologie du voyage au pôle sud, nous donnerons a l'histoire des glaciers et des glaces flottantes toute l'extension que mérite cette importante question.

Ce travail est divisé en trois parties : dans la première, nous étudierons les caractères des glaciers des régions polaires, et nous les comparerons à ceux des régions tempérées; dans la seconde partie, nous ferons l'histoire des glaces flottantes; dans la troisième, nous étudierons les lois météorologiques qui président à la délimitation des neiges perpétuelles, à l'extension des glaciers, et nous présenterons quelques observations sur la formation des dépôts erratiques du Nord.

Nous croyons devoir dire quelques mots de l'aspect des glaciers et des glaces flottantes dans les régions polaires; les géologues qui se les présenteraient avec leur souvenir de la Suisse et des Pyrénées seraient loin de la vérité. Les glaciers et les mers de glace des régions polaires présentent un spectacle d'une grandeur inexprimable ; le voyageur étonné admire la magnificence de la scène, mais il éprouve en même temps un sentiment de terreur qu'il ne peut réprimer. Partout autour de lui la nature est muette, inanimée ; partout des dangers le menacent ; sous ses pas une mort inévitable avec toutes les horreurs de la faim sous un ciel de fer.

Lorsqu'on approche des régions polaires, lorsque l'on atteint les lignes isothermiques de —2° à —5°, et souvent sous des lignes de température plus élevée, on rencontre des glaces flottantes isolées, de grandes îles qui présentent, suivant l'état du ciel, suivant les distances, les formes les plus bizarres, les apparences les plus fantastiques ; vous les voyez au loin cheminer tantôt comme des ombres légères, tantôt comme des monuments, comme des obélisques. Ces îles de glace ont souvent des dimensions prodigieuses ; on en rencontre très fréquemment de 300 à 400 mètres de longueur sur 30 à 35 mètres de hauteur.

Dans les récits des navigateurs qui ont exploré les mers polaires, on cite des îles de glace d'un volume très remarquable ; nous n'en donnerons que deux exemples.

Dans la première campagne de *l'Astrolabe* au pôle sud, M. l'ingénieur Dumoulin a mesuré près des îles Orkney une île de glace de 300 mètres de longueur sur 200 de largeur, qui avait une élévation de 76 mètres; elle ressemblait à un édifice gothique. En passant à quelques encâblures de cette île, on reconnut qu'elle était évidée à l'intérieur et qu'elle avait la forme d'un cirque immense.

Quelques jours après on rencontra dans ces mêmes parages une île de glace que l'on avait prise pour une terre, et qui avait environ une longueur de 10,000 mètres sur 136 mètres de hauteur. Ses flancs formaient une falaise verticale; la partie supérieure était parfaitement unie et couverte d'une couche de neige d'une éblouissante blancheur; auprès d'elle on distinguait deux autres îlots de 2 à 3,000 mètres de largeur et de 136 de hauteur, et qui avaient sans doute fait partie du colosse qu'ils accompagnaient.

C'est en général vers les groupes d'îles que l'on a rencontré les masses de glace les plus volumineuses.

Ces mers sont ordinairement couvertes de brouillards qui cachent l'horizon; le ciel est toujours enveloppé de sombres nuages : aussi n'est-ce qu'avec une habileté consommée que le pilote peut éviter de se briser sur les blocs de glaces qui l'entourent de toutes parts.

Les glaces deviennent de plus en plus nombreuses à mesure que l'on s'approche des glaciers des côtes ou des banquises qui barrent la mer. Ces glaces flottantes, sentinelles avancées de cet empire de la mort, se réunissent en groupes, en nappes, ou en lignes continues, suivant les caprices du vent et des courants, et présentent souvent des zones concentriques qui défendent le front des banquises les plus puissantes.

Les zones les plus extérieures sont alors composées de petites glaces à demi fondues, d'une couleur généralement très foncée, et que les pêcheurs appellent glaçons (*pancake*). La seconde zone présente des glaces, d'un volume plus considérable, atteignant souvent le volume d'un petit navire (*drift ice*).

La mer se présente souvent libre entre ses zones, et on peut avancer librement pendant un ou deux milles et souvent bien au-delà.

Vous pénétrez ensuite dans des groupes d'îles de glace plus volumineux, séparés par des passes étroites, espèces de canaux entourés de parois verticales d'une très grande hauteur formant un labyrinthe de cristal ou de marbre; ces passes n'ont souvent qu'une ou deux encâblures de largeur, et aboutissent très souvent à des bassins un peu plus dégagés. Vient ensuite la banquise, qui se présente impénétrable, offrant tantôt une digue continue, un front menaçant, tantôt une foule de coupures, de sinuosités semblables à une côte montagneuse, à des falaises couvertes d'un épais manteau de glace. Un fait extrêmement remarquable est qu'on trouve presque toujours la mer dégagée près des côtes couvertes de glaciers ou près des banquises, c'est en suivant ces canaux que les navigateurs se sont élevés aux plus hautes latitudes; que des baleiniers ont pu reconnaître une partie de la côte ouest du Groënland, et que James Ross a suivi jusqu'au mont Erebus la terre Victoria.

Les côtes couvertes de glaciers, les banquises, les champs de glace (*fields of ice*) présentent le plus triste, le plus effrayant aspect que l'on puisse imaginer. On ne voit plus ici, comme dans les montagnes de la Suisse, les crêtes azurées des glaciers couronner des prairies verdoyantes et de belles forêts; ici le monde est inerte, la nature inanimée; un ciel de plomb, une brume incessante, d'épais brouillards donnent à ces glaciers une teinte grise et sombre; un silence absolu règne sur ces tristes plages, où la vie n'a d'autres représentants que quelques oiseaux de proie, quelques pétrels aux longues ailes, qui parcourent ces solitudes, ou quelques troupeaux de pingoins qui se cramponnent dans les anfractuosités des glaciers et se jouent sur l'écume des flots, ou encore quelques baleines qui vont chercher un abri sous les glaces des pôles.

On dirait un immense tombeau musulman, avec ses murs blanchis à la chaux et ses minarets qui s'élèvent dans les nues. Mais si le soleil vient à percer ces sombres nuages, s'il vient à éclairer ce triste paysage, il semble alors que la nature va s'animer : les glaciers prennent une couleur éclatante; les inégalités s'éclairent, brillent au ciel, en renvoyant mille jets de lumière; les rayons du soleil sont quelquefois décomposés, et l'on distingue sur la neige toutes les couleurs de l'arc-en-ciel.

Mais lorsque la tempête vient mugir sur ces côtes, que des grains de neige et de pluie obscurcissent l'horizon, que la mer furieuse déferle avec fureur sur ces masses mobiles, que le pilote a peine à gouverner au milieu de cet effrayant désordre, oh! alors, le spectacle est terrible.

Les masses se rapprochent, se pressent avec une puissance effrayante ; la mer s'élance en bondissant autour de ces obstacles et semble devoir tout détruire. Malheur alors aux navires engagés! Leur perte est certaine : ils sont bientôt mis en pièces. Les matelots courageux qui les montaient périssent dans les flots, ou si quelques uns survivent au naufrage, ils attendront quelques jours encore une mort affreuse, inévitable, dans les angoisses de la faim et sous un ciel de fer (1).

Glaciers des régions polaires.

Les glaciers des régions polaires présentent des caractères semblables à ceux des Alpes ; ils en dif-

(1) Il se perd aussi toutes les années un grand nombre de navires baleiniers.

fèrent toutefois sous de tels rapports, que, pour un observateur superficiel, ils sembleraient s'éloigner des lois qui nous ont été révélées par les travaux des géologues modernes.

Nous avons étudié avec soin les ouvrages de MM. de Saussure, Hugi, Venetz, de MM. de Charpentier, Agassiz et Forbes sur les glaciers de la Suisse; nous avons nous-même parcouru les glaciers des Alpes dauphinoises, et nous avons pu nous rendre compte des phénomènes observés et comparer les théories que l'on a présentées pour expliquer ces phénomènes. Nous avouerons tout d'abord qu'aucune des théories n'explique d'une manière satisfaisante tous les faits observés. Celle de la progression par la dilatation, comme l'explique M. Agassiz, nous paraît contraire aux lois générales de la physique, et M. Élie de Beaumont a apporté contre cette théorie des arguments tirés des lois générales de la chaleur, arguments qui n'ont point encore été réfutés. D'autre part, la théorie du glissement est loin de satisfaire à toutes les faces du problème. Et comment expliquer par le glissement la progression des glaciers du Spitzberg, lorsque la terre y est éternellement à l'état de congélation, comme l'a reconnu M. Martins? Comment admettre le glissement pour la progression des glaciers sur la terre Adélie, lorsque la terre, même au niveau de la mer, y est éternellement congelée? Nous nous contenterons d'examiner les faits sans chercher à apporter tel ou tel argument à l'une ou à l'autre théorie, en nous faisant fort de cette opinion bien accréditée parmi les géologues : « qu'il est plus important, dans l'état actuel de la géologie, de bien examiner les faits, de les comparer et de tirer seulement de leur étude les inductions nécessaires, que de discuter des théories et d'observer les faits dans le but d'en faire naître des arguments en faveur de tel ou tel système. »

Les neiges perpétuelles des Alpes présentent deux dispositions générales entièrement différentes, que l'on a confondues, dans la langue ordinaire, sous le nom de glaciers, savoir : les mers de glace, qui occupent les vallées les plus élevées, et n'ont souvent qu'une faible inclinaison, et les glaciers proprement dits, que l'on peut considérer comme des torrents qui versent dans les vallées inférieures, dans les vallées transversales les masses de glace qui se forment dans les régions supérieures. Cette glace est formée par la fusion de la neige, qui, d'abord très fine dans les lieux les plus élevés, fond légèrement, augmente par juxtaposition, et forme des grains plus volumineux, que l'on appelle *haut névé*, *firn*. A mesure que l'on se rapproche de la limite inférieure des glaciers, ces grains de névé deviennent de plus en plus gros, et atteignent à peu près le volume d'une noix à leur limite inférieure; ils font alors place à la glace compacte qui se montre à nu.

Cette glace est elle-même composée de ces espèces de cristaux de névé, intimement soudés entre eux, et formant une masse vitreuse parcourue en tous sens par une multitude de fissures capillaires, affectant des formes variées, et qui renferment de petites quantités d'air que les neiges ont emprisonnées en se convertissant en glace compacte. On observe que la masse est divisée en couches stratifiées d'épaisseur très variable qui présentent quelquefois des nuances d'azur plus ou moins foncées qui permettent de les distinguer dans la masse des glaciers. Ces couches correspondraient, d'après Saussure, à l'ensemble des lits de neige déposés chaque hiver; selon d'autres auteurs, à chaque chute de neige, ce qui n'est pas vraisemblable. M. Agassiz pense que la distinction des couches est due aux matières terreuses dont se recouvrent les glaciers entre les diverses saisons ou entre des chutes de neige, à plusieurs mois de distance.

Les mers de glace dont la surface est entièrement composée de névé, et que l'on a justement comparées à des plaines uniformément couvertes de sable fin, présentent des caractères qui les distinguent des glaciers. Elles sont généralement unies, légèrement concaves en s'inclinant vers les bords de la vallée, et ne sont jamais recouvertes par ces amas de roches désagrégées que l'on a appelés *moraines*. Les blocs qui tombent sur ces mers de glace, dans ces névés, y sont enfouis, soit par leur poids, soit par de nouvelles neiges, et ne reparaissent au jour que lorsque la glace compacte se montre à découvert. Ce fait, qui a excité de tout temps la curiosité des habitants des Alpes, a été interprété de diverses manières. Les paysans et les guides de la Suisse assurent que le glacier a horreur de tous ces corps étrangers, et qu'il les rejette en raison de ce fait. — M. Agassiz a cherché à expliquer ce phénomène en supposant que l'eau provenant de la fonte des neiges qui recouvrent la pierre venait se congeler au-dessous d'elle, et que la pierre était repoussée en haut par la dilatation qu'éprouvait l'eau en se convertissant en glace. — M. Martins, dans une série d'observations qu'il a faites sur un petit glacier, nous a démontré que la pierre reparaissait à la surface par l'effet de l'ablation de la partie supérieure du glacier, ablation résultant de la fonte et de l'évaporation qui ont lieu à sa superficie. Les glaciers proprement dits se distinguent encore des mers de glace par la présence de crevasses qui sont de plus en plus larges jusqu'à la base des glaciers. Ces crevasses légèrement curvilignes, et dont la courbe est dirigée vers la partie supérieure de la vallée, sont généralement perpendiculaires à l'axe du torrent de glace. Elles sont dues à la progression plus rapide des parties latérales, qui, étant moins épaisses, sont plus exposées que la partie centrale aux modifications qu'entraînent les différences de température diurne.

Les débris de roche qui viennent à tomber dans les névés ou sur les glaces forment, dans les glaciers simples, deux lignes latérales contiguës au bord de la vallée, et dans les glaciers composés, qui reçoivent les affluents de plusieurs glaciers voisins, outre les deux moraines latérales, plusieurs lignes de fragments de roche, situées au milieu des glaciers, et qui prennent alors le nom de moraines médianes. On voit au pied des glaciers des moraines terminales composées de blocs anguleux déposés par les autres moraines et de débris de roches roulés et polis dans le lit du glacier, et qui sont abandonnés sur la pente des vallées lorsque les neiges se retirent vers les sommets; on observe encore que les rochers environnants sont arrondis (*moutonnés*), polis, plus ou moins finement striés par le frottement des masses. C'est à la présence des moraines et des rochers polis et striés qu'on reconnaît les anciennes limites des glaciers.

Nous venons de tracer rapidement les caractères que présentent les névés, les glaciers des Alpes; étudions maintenant les modifications que nous présentent ces mers de neiges éternelles en nous acheminant vers les pôles.

En nous rapprochant du nord, nous reconnaîtrons que la limite des neiges perpétuelles s'abaisse sur la terre, et que la ligne qui sépare les névés des glaces compactes s'abaisse proportionnellement. Dans les Alpes, la limite inférieure des neiges éternelles est, à la latitude 45° 45′ à 46°, à 2,144 mètres au-dessus du niveau de l'Océan; dans l'Oural, par 59° 40′, elle est à 1,460 mètres; dans la Sibérie, par 60° 55′, à 1,384; dans la Norvége, par 71° 15′, à l'île Magaroë, à 720 mètres.

Il ne faut pas croire cependant que la limite des neiges perpétuelles soit en rapport constant avec les lignes de latitude ou les lignes isothermiques ; elle présente à cet égard des différences remarquables sur lesquelles nous reviendrons.

Sur la côte septentrionale de la Norvége, les glaciers qui servent de débouché à de grandes mers de glace descendent jusqu'aux rivages, et représentent encore tous les caractères des cimes glacées des Alpes ; mais leur ligne de névé est déjà à une très petite distance du niveau de la mer, les glaciers ont peu d'étendue, et enfin les moraines ne commencent qu'à une très petite distance de la base des glaciers. A une latitude plus élevée, les glaciers proprement dits disparaissent, et la limite des névés se trouve située au niveau de l'Océan : alors tous les caractères que nous avons décrits comme appartenant en propre aux glaciers disparaissent ; nous ne retrouvons plus de moraines médianes, ni de moraines latérales semblables à celles de la Suisse ; les crevasses sont peu nombreuses, les cavernes ne se rencontrent nulle part. Les montagnes sont entièrement recouvertes de névé, ou, si la glace compacte se montre quelquefois, se sera tout-à-fait à la base du glacier, et on pourra voir alors quelques débris de roches gisant à leur surface.

Le névé qui recouvre ces montagnes forme des couches d'une très grande épaisseur ; mais la masse inférieure est composée de glace compacte, comme il est facile de le voir lorsque, par une circonstance quelconque, une partie de ces glaciers vient à se détacher.

Le névé est ferme ; on peut facilement marcher par un temps froid et brumeux sur ces couches composées de petits cristaux réunis et tassés comme du sable fin, et le pied y laisse des empreintes semblables à celles qu'il ferait sur une plage sablonneuse. Ce caractère est commun aux névés des régions polaires et à ceux des régions tempérées. Il paraît, d'après les récits des voyageurs qui ont visité les glaciers des Andes, que les névés de ces cimes ne présentent pas cette cohésion; bien au contraire, les divers cristaux qui les composent semblent s'isoler, et un corps d'un poids peu considérable s'enfonce immédiatement à une grande profondeur. Cela tient sans doute à l'évaporation qui se fait à la surface du glacier et qui amène une ablation extrêmement rapide des couches supérieures. L'eau résultant de la fusion de ces neiges étant immédiatement mise en vapeur, les couches inférieures ne peuvent acquérir aucune solidité soit par la congélation de cette eau, soit par le tassement qu'entraînerait son écoulement.

En nous éloignant des zones tempérées, nous voyons pour ainsi dire disparaître un à un les caractères que nous avons reconnus dans les glaciers de la Suisse, et sous le cercle arctique nous ne retrouvons plus que des mers de glace. Ces masses de névé ont alors les caractères qui leur sont propres : elles recouvrent les montagnes comme un vaste manteau, comblant les vallées, colorant d'une teinte uniforme toutes les crêtes abruptes des montagnes, si bien qu'il est souvent difficile de les distinguer des masses de neige qui les entourent. Ces névés, assez solides pour supporter le poids d'un homme, ne le sont plus assez pour retenir à leur partie supérieure les débris de roches qui viennent à se détacher des rares saillies qui dépassent leur niveau ; ils sont enfouis, et ne reparaissent plus que dans les blocs de glace qui sont rejetés à la mer.

Au Spitzberg, il n'y a pas de glacier proprement dits, les mers de glace descendent jusqu'au niveau des eaux : cependant la glace compacte se montre quelquefois à découvert, et on trouve alors vers la base du glacier un assez grand nombre de débris de roches qui forment des moraines latérales. Les couches inférieures du glacier entraînent-elles à la mer des masses de débris beaucoup plus considérables? Nous n'avons presque aucun moyen de les apprécier.

Les mers de glace sous les latitudes arctiques se terminent presque toujours à la mer par un mur vertical dont la hauteur est très variable, mais qui toutefois doit être proportionnelle à l'épaisseur du glacier; elles sont généralement élevées dans les latitudes de 70 à 80°.

Au printemps et à l'automne, de nombreuses couches de neige viennent s'ajouter à la surface des glaciers et augmenter leur puissance. Je dis au printemps et à l'automne, parce que tous les voyageurs qui ont hiverné dans les régions polaires nous ont appris que, pendant les grands froids, il ne tombe presque jamais de neige. Mais si, pendant ces grands froids, les glaciers n'augmentent pas par leur partie supérieure, il se forme vers leur base, à la mer, de larges plateaux de glace auxquels viennent s'ajouter plus tard de nombreuses couches de neige. Il arrive souvent que cette neige est soulevée, transportée et déposée par les vents en couches, en dunes, quelquefois en montagnes d'une hauteur considérable sur les plateaux de glace, sur les rivages et dans les vallées.

Comme rien n'est immobile sur notre globe, pas même les neiges et les glaces polaires qu'on appelle éternelles; lorsque les chaleurs arrivent, les neiges fondent et disparaissent complétement dans les plaines, même à de très hautes latitudes; se réduisent en névé sur les mers de glace, et enfin les plateaux qui se sont formés à la mer se détachent et commencent leur pérégrination vers le sud. Bien plus, les glaciers des montagnes vont aussi se mettre en mouvement; et en même temps que leur partie supérieure va subir par la fonte et l'évaporation une ablation assez considérable, leurs parties terminales vont être repoussées, des blocs immenses seront jetés à la mer, de telle sorte que chaque année le glacier perdra une quantité de glace et de névé à peu près égale à celle qui se sera ajoutée à sa surface; en sorte que, même dans la région des froids les plus intenses, le glacier subira un mouvement incessant qui, au bout d'une longue période d'années, aura renouvelé entièrement ses parties composantes.

Examinons attentivement les faits observés, et étudions le mécanisme de ces modifications sur les plateaux de glace.

Aux premières chaleurs de l'été, par des dilatations et des contractions diurnes, les plateaux éprouvent des fendillements qui se font souvent avec un grand bruit; ces fentes séparent ces plateaux en grandes nappes, en îles de glace. A cette époque, les vents changent de direction, les courants éprouvent des modifications analogues, et alors les plateaux qui s'étaient formés dans les criques, dans les baies auprès des glaciers, après avoir été fendillés, séparés par les modifications que leur impriment les influences de température, sont chassés par les courants et par les vents, et vont au large, où ils sont entraînés soit sur d'autres côtes, où ils augmentent d'épaisseur dans les hivers suivants, soit dans les mers tempérées, où ils disparaissent.

Lorsque la température devient assez forte, que le soleil reste sur l'horizon pendant vingt heures, les différentes parties des glaciers présentent chacune à leur tour les phénomènes que nous allons décrire; les couches supérieures, échauffées par l'action solaire, fondent avec rapidité; on voit naître des petits ruisseaux qui, en se réunissant vers la partie la plus déclive, forment bientôt un torrent qui va se précipiter à la mer, du haut du mur de glace ; une partie de cette eau qui résulte de la fusion de la neige est réduite en vapeur, et cette portion est peut-être la plus considérable ; une autre partie pénètre les neiges sous-jacentes, les réduits en névé, qui augmente de plus en plus de densité et qui forme bientôt de la glace compacte.

Nous ferons bien observer ici que les eaux qui proviennent de la fusion des neiges qui couvrent les glaciers ne se creusent pas un canal entre le sol et le glacier comme cela a presque toujours lieu vers la limite inférieure des glaciers de la Suisse, mais que ces eaux coulent toujours à la surface, où elles se creusent des sillons plus ou moins profonds.

La terre dans les hautes latitudes étant constamment à l'état de congélation, on ne peut admettre que la glace puisse fondre à son contact, et cette induction est complétement vérifiée par l'étude des faits; nous ne connaissons pas une seule observation dans les nombreuses relations de voyages aux pôles, une seule description dans laquelle nous trouvions indiqués des canaux ou des cavernes à la partie inférieure des glaciers qui couvrent les montagnes.

Et cependant bien que le glacier soit attaché au sol par un ciment de glace, bien que tout semble le fixer d'une manière immuable dans les gorges des montagnes où il se trouve encaissé : cependant ce glacier, cette masse prodigieuse a un mouvement que l'on ne peut nier, progresse vers les parties les plus déclives, et cette progression devient proportionnelle à la chaleur du jour et à chaque série de beaux jours.

C'est surtout sur les glaciers qui se terminent à la mer que ces mouvements peuvent facilement être analysés.

Des blocs sont repoussés dans les eaux, d'abord de petit volume et en petit nombre, plus considérables quelques jours plus tard, et pendant les grandes chaleurs ce sont des montagnes entières qui se détachent avec fracas, flottent au large et commencent leur voyage vers le sud.

Étudions un instant le mécanisme de cette progression. Elle commence, avons-nous dit, aussitôt que la température est suffisante pour opérer la fonte de la glace. Les variations de température produisent des fentes ou crevasses transversales à l'axe du glacier. Elles s'élargissent de plus en plus et indiquent le mouvement du glacier. Mais comment ces masses puissantes sont-elles entraînées? c'est ce que nous ne saurions expliquer. Toujours est-il que cette dilatation, que ces mouvements s'opèrent, et que leurs résultats est une progression vers les parties déclives. La masse entière s'avance peu à peu, et vient fondre tantôt à la mer, tantôt dans les plaines qui s'étendent le long des montagnes et que le soleil a déjà dépouillées de leur couverture de neige. Deux glaciers placés vis-à-vis descendent quelquefois dans la même vallée, et s'écoulent tous deux vers une plaine ou vers la mer, où ils jettent à la fois et les eaux qui résultent de la fonte superficielle, et les blocs qui se détachent à la limite inférieure du glacier.

Lorsqu'un glacier vient finir à la côte, la masse entière s'avance pas à pas, repoussant la mer sans s'y fondre, si la température des eaux est au-dessous de 0°, et continuant à progresser sur le fond jusqu'à ce qu'il ait atteint un fond de mer assez considérable pour faire flotter sa ligne antérieure; qui, en vertu de sa moindre densité, s'élèvera au-dessus de la mer en formant un mur vertical dont la hauteur indiquera l'épaisseur du glacier.

Supposons qu'un glacier de 800 pieds d'épaisseur s'avance sur une plaine inclinée dans une mer dont la température est inférieure à 0°, comme cela avait lieu sur la côte de la terre Adélie. Le glacier s'avancera sur la plage jusqu'à ce qu'il ait trouvé un fond de 700 à 720 pieds, et alors sa partie antérieure se mettra en équilibre et formera un mur vertical de 80 à 100 pieds de haut.

Mais si, au contraire, la température de la mer est au-dessus de 0°, les couches inférieures du glacier seront fondues plus ou moins rapidement, en arrivant à la plage; les parties supérieures qui viendront à surplomber se détacheront et tomberont dans la mer; dans ces circonstances, le glacier n'avancera que très peu dans le sens des eaux et s'y démolira très rapidement. Il arrive très fréquemment que les glaciers sont situés dans des gorges étroites creusées entre des montagnes dont les extrémités s'avancent dans la mer, en formant ainsi une espèce d'amphithéâtre sur la côte et une baie à la mer. Le glacier occupe alors la gorge des deux montagnes, recouvre quelquefois les sommités d'un léger manteau de neige ou de névé, et forme, en suivant le penchant des montagnes, un vaste demi-cirque, qui se termine à la mer par une ligne droite, bien que la baie soit elle-même demi-circulaire, comme l'indique la disposition générale des lieux. Cette ligne de glace est alors comme une corde sous-tendue à un arc, et la partie inférieure du glacier est comme un immense segment dans la circonférence occupée par la baie. Dans ce cas, les masses de glace qui s'appuient des deux côtés sur les falaises s'avancent sur la mer, bien que leur partie inférieure soit fondue par les eaux, dont la température est supérieure à 0°, et offrent souvent alors une immense voûte élevée de 3 à 4 pieds au-dessus de la mer. De cette voûte plane et unie se détachent de grands blocs de glace qui soulèvent des lames d'eau très dangereuses pour les personnes qui vont explorer ces magnifiques glaciers, observer ces belles voûtes, soutenues tantôt par des masses de glaces échouées, tantôt seulement par la force de cohésion qui unit tout le glacier.

Nous avons lu des détails très curieux sur les glaciers du Spitzberg dans l'ouvrage de Scoresby et dans les notes publiées par M. Martins dans la *Bi-*

bliothèque universelle de Genève (année 1840, v. VIII).

Dans le livre de Scoresby, nous avons trouvé de très bonnes descriptions de ces glaciers et des figures qui expriment très bien leur disposition. Les notes de M. Martins donnent des détails très remarquables que nous devons citer. A l'époque où le navire sur lequel le savant était embarqué était mouillé près Magdelena-Bay, la température de la mer était supérieure à 0°; le glacier de Magdelena-Bay s'avançait sur la mer, en présentant un mur vertical, dont la base était çà et là creusée par des cavernes très profondes, et à marée basse, on distinguait très bien leur voûte régulière et unie, et qui se trouvait élevée alors de quelques pieds au-dessus de la mer.

Les glaciers de Magdelena-Bay et de Bell-Sound sont des mers de névé qui, à leur partie terminale, prennent les caractères des glaciers proprement dit : ainsi on observait, vers la partie inférieure, des blocs et des débris gisant sur la glace; on n'en voyait point au-dessus, dans les névés ni dans le milieu de la paroi terminale; ils étaient abondants vers les côtés. Nous ferons remarquer qu'on a observé dans la baie des roches enchâssées dans des masses de glace qui, détachées des glaciers, flottaient et allaient au loin transporter des roches du Spitzberg.

Les glaciers de Magdelena-Bay et de Bell-Sound se terminent par une paroi verticale qui barre transversalement le fond de la baie, qui, d'après les observations des officiers de *la Recherche*, est certainement arrondie. La partie centrale du segment que formait le glacier offrait une dépression qui indiquait sans doute que les masses qui la composaient descendaient en fondant dans les eaux.

Les murs verticaux qui terminent les glaciers du Spitzberg varient entre 30 et 50 mètres de hauteur. Le glacier de Horn-Sound, mesuré par Scoresby, avait 120 mètres; le second des glaciers de Smeremberg avait 91 mètres. D'après Phipps, à Magdelena-Bay, le glacier d'entrée avait 63 mètres, et celui de la Pointe-aux-Tombeaux, 76 mètres. En Laponie, les grands amas de glace qui couvrent le Sulitelma ont 65 mètres d'épaisseur. En Suisse, les glaciers n'ont en général qu'une épaisseur de 20 à 35 mètres à leur partie terminale.

Dans les deux campagnes de *l'Astrolabe* et de *la Zélée* au pôle sud, et dans le dernier voyage de Ross à la terre Victoria, on a vu des murs verticaux terminant les glaciers sur la côte, d'une hauteur prodigieuse. Le long de la terre Adélie, et surtout près de la terre Clarie, la banquise qui s'appuyait sur la terre, l'extrémité du glacier qui s'étendait au loin sur la montagne, paraissait avoir 50 mètres de hauteur. James Ross a suivi pendant plusieurs lieues un mur vertical de glace dont la hauteur dépassait souvent 150 pieds anglais.

Ces chiffres font supposer des masses d'un volume sept à huit fois plus considérable. Quelle immense épaisseur! et que sont nos glaciers d'Europe auprès de ces immenses accumulations des glaces polaires?

On a observé depuis longtemps, et Scoresby, Parry et divers navigateurs modernes ont vérifié ce fait, que la mer a le plus souvent une très grande profondeur auprès des glaciers et des banquises les plus considérables.

Il est assez facile de se rendre raison de ce phénomène; la progression des glaciers en donne, suivant nous, une explication satisfaisante. C'est généralement dans de très hautes latitudes que ce fait a été constaté : dans le détroit de Dawis, dans la mer du Spitzberg, sur la côte groënlandaise, et enfin dans quelques points voisins du continent antarctique, et toujours à des latitudes très élevées.

Dans ces latitudes, la mer a, pendant la plus grande partie de l'année, et souvent pendant toute l'année, une température inférieure à 0°. Dans ces circonstances, comme, par exemple, sur la côte Adélie, sur la côte Clarie, les glaciers qui couvrent la plage s'avancent à une très grande distance des terres et forment d'immenses banquises qui sont retenues près des côtes soit par la cohésion de la masse, soit encore par les mille irrégularités que présentent les falaises ou le fond sur lequel elles sont fixées.

Ces banquises ainsi formées par la progression du glacier dans la mer, et qui s'étendent à une distance de deux à trois milles, par exemple, éloignent les navires de la plage, et les sondes, au lieu d'être faites réellement sur la côte, se font alors à une grande distance.

Dans la baie de Baffin, les sondes près des côtes donnent des chiffres très élevés; mais aussi tous les navigateurs ont observé que les glaciers des côtes ont une épaisseur énorme, et que les glaces flottantes qu'on y rencontre ont une hauteur prodigieuse, et il résulte des observations thermométriques faites par Ross, dans son voyage sur *l'Isabelle* et *l'Alexandre*, que la température de la couche superficielle de cette mer est, presque toujours au-dessous de 0°.

Les températures de l'atmosphère et de la mer variant dans chaque mois, et cette variation correspondant ordinairement avec des modifications dans la direction des vents et des courants, on conçoit que les mouvements qui s'opèrent dans les glaciers et les masses qui s'en détachent doivent présenter de grandes différences en rapport avec les changements des températures, des vents et des courants, et que c'est à ces modifications météorologiques qu'il faut avoir recours pour expliquer les variations que présentent les mouvements des glaciers, leur progression, l'émersion des blocs à la mer, leur nombre, leur forme, leur volume, la quantité de débris qu'ils peuvent transporter, et, enfin, la disposition relative des masses flottantes.

En effet, qu'à un temps froid et brumeux viennent succéder deux ou trois semaines de beaux jours, sous l'influence de cette douce température il s'opérera des dilatations et des contractions diurnes dans les masses ; ces mouvements tendront à les diviser en grands blocs, et à les pousser à la mer. Si la température de la mer est au-dessous de 0°, les glaces s'avanceront dans les eaux, sans se fondre, jusqu'à ce qu'elles aient atteint une profondeur suffisante pour être mises à flot, et alors elles seront entraînées par les courants rapides que tous les navigateurs ont observés dans les régions polaires.

Mais plus tard la mer aura une température supérieure à 0° ; alors les phénomènes seront tout différents : le glacier, au lieu d'avancer sur la mer à une grande distance, sera fondu presque au niveau de la côte. Les blocs qui se détacheront seront beaucoup moins volumineux, et contiendront nécessairement un moins grand nombre de blocs de roches. Ces circonstances méritent d'être appréciées pour l'étude de la géologie, car elles modifient considérablement la dispersion des blocs erratiques.

Dans les glaciers des Alpes nous avons trouvé trois espèces de moraines : latérales, médianes, terminales. Dans les régions polaires, lorsque les névés descendent jusqu'à la mer, nous n'avons plus de moraines, apparentes du moins. Les moraines latérales et terminales doivent renfermer un nombre de blocs anguleux plus ou moins considérables, suivant la nature des montagnes, leur latitude, leur position par rapport à la mer, sa température, etc. On connaît mal ces moraines ; elles ne sont point d'une part aussi étendues que dans les Alpes, et d'autre part, il faudrait des observations multipliées sur les mêmes glaciers pour pouvoir apprécier leurs dispositions et leur marche.

La plupart des voyageurs qui ont parlé des moraines des glaciers polaires ont fait simplement observer que les parties inférieures et latérales des glaciers étaient recouvertes d'un grand nombre de blocs de roche ; que fréquemment sur les murs de glace qui terminaient ces glaciers à la mer, on voyait des blocs fixés dans la masse. W. Scoresby et bien d'autres navigateurs ont rencontré des îles de glace chargées de blocs, ou avec des blocs fixés dans leurs parois.

Lorsque le glacier fond à la mer, un grand nombre de débris doivent se détacher immédiatement et tomber au bord des glaciers. Il n'y a que les roches fixées à la partie supérieure des couches de glaçes qui peuvent être transportées au loin avec les couches sur lesquelles elles sont placées. D'autre part, lorsque le glacier s'avance dans une mer d'une température inférieure à o°, aussitôt qu'il a atteint une profondeur suffisante, les masses sont relevées par leur légèreté spécifique, séparées en grandes îles, et peuvent alors emporter au loin une grande quantité de blocs provenant des moraines latérales ou terminales, et former sur des rivages étrangers des terrains erratiques.

Nous devons faire remarquer ici que les bancs de glace qui se détachent des falaises peu élevées qui forment les côtes, emportent plus de blocs erratiques que les glaciers qui descendent des pentes, parce que, sur la côte, les variations rapides de la température sont éminemment propres à désagréger et à diviser les roches. Les glaciers des hautes latitudes, en raison de la température de la mer, qui est souvent alors inférieure à 0°, peuvent transporter au loin une grande quantité de débris de roches; tandis que ceux qui fondent à la surface de la mer abandonnent sur place presque tous les blocs qu'ils ont détachés du sol. Mais, nous le répétons encore, la plus grande partie des blocs erratiques doit provenir plutôt des falaises qui sont plus exposées aux variations atmosphériques, et qui, chaque année, sont cernées par d'immenses radeaux de glace qui s'en séparent pendant l'été.

Glaces flottantes.

Presque tous les blocs de glace que l'on rencontre flottants à la mer sont composés de couches de neige stratifiée, plus ou moins dense, plus ou moins réduite en névé et en glace compacte. Ces lits ont, en général, une épaisseur très variable, depuis quelques centimètres jusqu'à un mètre. La coloration de ces diverses couches présente ordinairement des nuances assez sensibles pour qu'on puisse facilement les distinguer entre elles ; elles sont quelquefois séparées par une ligne blanche, comme par une ligne d'argent sur un fond légèrement azuré ; c'est tantôt une couche de neige qui n'a point été entièrement changée en glace compacte, tantôt une couche de glace désagrégée.

Un fait semblable a été signalé dans les Alpes par plusieurs physiciens, et particulièrement par M. Agassiz.

Les strates dont sont composées les glaces flottantes ne présentent pas toujours un parallélisme parfait; il arrive fréquemment qu'elles sont en discordance. Il est évident que cette disposition est due à des couches qui se sont ajoutées à la masse, lorsqu'elle était déjà détachée des falaises ou des banquises, et livrée aux caprices de la mer ; il est même assez rare que les strates de glace soient parallèles au niveau de la mer.

Les diverses couches qui se succèdent à la manière des roches formées sous les eaux sont ordinairement liées entre elles par les stalactites de glace qui proviennent de la fusion des parties supérieures ; elles présentent très souvent des fendillements en ligne droite, et qui annoncent que la masse se divisera bientôt.

Quant à la forme, la dimension de ces glaces flottantes, nous avons dit, dans la première partie, combien elles étaient variables. Leur disposition relative en lignes ou groupes est déterminée par les vents, par les courants, par tous les caprices de ce ciel de tempêtes. Tantôt elles présentent des champs immenses de 1 à 5 mètres de hauteur : ce sont des plaines parfaitement nivelées et couvertes de neige (*fields of ice*); tantôt un front de blocs immenses, de 10 à 50 mètres, formant une côte continue, une banquise impénétrable, offrant tous les accidents des falaises d'un rivage montagneux. Plus au sud, ces banquises, ces champs de glace se séparent en groupes; plus loin, ce ne sont que des îles, des îlots épars.

Ces immenses débris d'un monde inerte prennent toutes les modifications, toutes les formes, toutes les figures que l'Océan leur imprime : vastes champs unis sous un ciel tranquille, après la tempête ce sont des monceaux de ruines que le puissant architecte a élevées dans sa colère, en brisant les glaces les unes contre les autres, et en soulevant leurs débris en monuments bizarres, en montagnes fantastiques, qui atteignent quelquefois 100 mètres de hauteur.

Lorsque les glaces ont longtemps flotté, elles se présentent souvent sous la forme de champignons; elles ont été profondément fouillées au niveau de leur ligne de flottaison, et de leur chapiteau descendent de grandes stalactites qui brillent de mille couleurs. Ces glaces sont ordinairement très dures : cependant sous l'influence de quelques circonstances qui sont mal connues, leur masse entière est quelquefois pourrie (je me sers du mot expressif des baleiniers); la moindre secousse suffit pour les réduire en poussière. Ces phénomènes se manifestent surtout sous l'influence des vents chauds et humides.

Les glaces flottantes proviennent, soit des glaciers qui couvrent les côtes montagneuses des régions polaires, soit des champs de glace qui se forment sous de hautes latitudes. Un très petit nombre de débris flottants doit être formé par les débâcles des fleuves du Nord.

Nous avons tâché de montrer de quelle manière les glaciers des côtes se démolissent à la mer; nous avons vu que tous ces glaciers, sous l'influence de la température de l'été, entraient en mouvement, et que leur progression sur les versants où ils se trouvent placés était proportionnelle et à la température et à la puissance des glaciers. Nous avons vu aussi que, suivant la température de la mer, ces masses s'avançaient plus ou moins loin dans les eaux, et formaient des glaces flottantes de dimensions très différentes, et que généralement les plus considérables provenaient des latitudes les plus élevées.

Essayons de distinguer par leur forme les masses qui proviennent des glaciers de celles qui se sont formées à la surface de la mer.

Les glaces flottantes qui se sont détachées des murs de glace, des banquises qui terminent les glaciers, sont ordinairement plus denses. Leur forme est généralement irrégulière; elles présentent fréquemment des figures fantastiques : ce sont des édifices gothiques, des pyramides, des palais de marbre; mais le plus souvent elles ont des formes si bizarres, qu'on ne peut les comparer à rien ; leur stratification, moins sensible et moins bien déterminée que celle des autres glaces flottantes, est parfaitement régulière ; leur couleur azurée est généralement plus vive, et l'eau qu'elles donnent en fondant est assez douce pour pouvoir servir aux équipages.

Ces fragments de glacier sont ordinairement isolés ou en groupes peu nombreux, et se présentent rarement en masses uniformes, comme les débris d'un champ de glace; ils peuvent seuls offrir ces magnifiques monuments dont la hauteur et le dessin frappent les voyageurs d'étonnement et d'admiration.

Les glaces qui se forment à la surface de la mer se présentent en grands plateaux d'épaisseur très variable, depuis quelques pouces jusqu'à 20 pieds d'épaisseur et plus; elles atteignent des dimensions bien plus considérables lorsque leur partie supérieure a pu s'augmenter des neiges de plusieurs hivers. Ces plateaux sont composés de couches généralement bien distinctes, et qui sont parallèles au niveau de la mer ; on les voit ordinairement réunies en groupes de hauteur et de forme semblables, qui subissent ensemble, et en conservant leur disposition relative, les influences des vents et des courants qui les entraînent dans telle ou telle direction

Leur couleur offre des nuances de gris et d'azur pâle, et le plus souvent leur couche supérieure présente une couche de neige parfaitement blanche. Ces plateaux proviennent de la rupture des champs de glace qui sont produits pendant l'hiver par la congélation de l'eau de mer. On a nié pendant longtemps, et aujourd'hui même quelques voyageurs ne croient pas que les glaces puissent se former sur la mer à une grande distance des côtes ; il est vrai que, près des terres, dans les baies, dans les criques, au milieu des glaces détachées, ces plateaux sont créés avec la plus grande rapidité, et il est peu de baleiniers qui n'aient vu s'en former autour d'eux pendant leurs campagnes au milieu des glaces flottantes où ils vont poursuivre les cétacés; il est incontestable que ces plateaux peuvent se former à la surface de la mer à une grande distance des terres.

Plusieurs navigateurs ont vu dans les régions polaires cette transformation s'opérer sous leurs yeux, et en ont décrit les différentes phases; mais je reproduirai préférablement les observations que W. Scoresby a publiées dans son savant ouvrage (*An acount of the artic regions*, page 239), parce que cet explorateur est devenu célèbre par ses recherches sur les questions qui nous occupent et par son talent d'observateur. Je traduis ses propres paroles :

« J'ai souvent observé les progrès du gel depuis la première apparence des cristaux jusqu'à ce que la glace eût atteint une épaisseur de plus d'un pouce, sans que la terre pût en rien aider à sa formation; souvent là où la vieille glace ayant été chassée par les courants ou par les vents d'est, les terres situées à l'ouest avaient empêché de nouvelles glaces de prendre leur place.

» J'ai vu la glace se former à plus de vingt lieues du Spitzberg, et rapidement acquérir une consistance capable d'arrêter les mouvements d'un navire poussé par une bonne brise, lorsqu'elle était même exposée aux vagues de l'océan Atlantique, au milieu de la mer du Groënland, sous le 72° de longitude nord.

» Lorsque les premiers éléments de glace paraissent à la surface de la mer sous la forme de petits cristaux isolés, et qui ressemblent à de la neige que de l'eau très froide ne pourrait fondre, les marins l'appellent *sludge* (saleté); la houle s'apaise comme si on eût couvert les flots d'une couche d'huile. Les cristaux s'unissent entre eux pour former des noyaux plus volumineux, et même sous l'influence des vagues elles acquièrent des volumes de 3 à 4 pouces de diamètre. Ces petits glaçons, constamment heurtés les uns contre les autres, s'arrondissent, se relèvent par leurs bords, s'unissent, et présentent bientôt de petits plateaux d'un pied d'épaisseur et de plusieurs mètres de circonférence; on les nomme alors (*pancake*); et si on vient à examiner ces *pancakes*, on voit qu'elles ont la forme d'un pavé. Dès que la houle a complétement cessé, ces divers glaçons s'unissent et forment des champs immenses.

» Lorsque la mer n'est pas agitée, les progrès de la congélation sont très rapides. La glace augmente par la partie inférieure et atteint souvent une épaisseur de 2 à 3 pouces en vingt-quatre heures, et peut soutenir le poids d'un homme en moins de quarante-huit heures. Ces plateaux de nouvelle formation sont nommés par les marins anglais (*yong ice*, *bay ice*), jeunes glaces. »

Ces observations sur la congélation des eaux de la mer sont d'une très grande exactitude, et c'est ainsi qu'on voit de légères couches de glace se former près des côtes, dans les baies, dans les criques de la mer du Nord; c'est ainsi que MM. les officiers de *l'Astrolabe* et de *la Zélée* ont vu des plateaux de glace unir entre elles les différents blocs de la banquise, lorsqu'ils furent retenus prisonniers au milieu des glaces flottantes qui formaient cette immense et terrible barrière qui leur ferma le chemin que Weddel avait suivi pour atteindre des latitudes plus élevées.

La congélation de la mer à une grande distance des terres nous paraît un fait incontestable; elle doit avoir lieu toutes les fois que la température est pendant plusieurs jours au-dessous du point de congélation de l'eau de la mer, — 2°, 65, et surtout lorsque la mer n'est pas trop agitée. Du reste, les premiers cristaux ayant la propriété de diminuer ses ondulations, des champs de glace se formeront nécessairement sous l'influence d'un froid intense suffisamment prolongé, et ils doivent avoir une étendue proportionnelle à l'intensité négative de la température. Bientôt, du reste, de nombreuses couches de neige viennent s'ajouter à la surface de ces plateaux, se condenser, se réduire en névé, au printemps ils s'accroîtront encore et formeront des masses toujours croissantes, jusqu'à ce que la mer les brise, les disperse, jusqu'à ce que les vents et les courants les chassent devant eux sous des climats plus doux.

Ce n'est point, en effet, sur des côtes ni dans des baies que peuvent se former les immenses plaines de glace que les baleiniers rencontrent au printemps dans les mers du Nord; ce n'est point dans les baies du Spitzberg que peuvent se former ces magnifiques champs de glace qui couvrent les mers du Groënland; ce n'est pas non plus dans les anfractuosités des terres que se forment ces banquises des mers du Sud qui entourent le continent austral. Ces banquises présentent dans ces mers une élévation plus considérable que dans les mers du Nord; mais ces faits peuvent s'expliquer aisément en considérant que sous le pôle antarctique, près de ce vaste continent, les courants sont moins nombreux et moins puissants que dans les mers du Nord, de telle sorte que ces plateaux, moins mobiles, moins facilement éloignés des terres, peuvent y acquérir une plus grande élévation par l'accumulation successive des neiges pendant plusieurs hivers.

Les mers du Nord sont parcourues par les courants les plus violents, soit que la disposition des terres en forme de canaux accélère le mouvement des eaux, soit, comme cela paraît probable. que les mers du Nord communiquent sous le pôle avec les mers du continent américain et asiatique. Il existe, il est vrai, des courants remarquables par leur vitesse dans les mers antarctiques : on en connaît à l'ouest de l'Amérique méridionale, vis-à-vis le cap de Bonne-Espérance, on en connaît encore vers l'Australie; mais ils sont loin d'avoir la vitesse de ceux que l'on connaît dans le détroit de Béring, dans la mer de Groënland; de telle sorte que les plateaux de glace qui se forment autour du continent austral peuvent rester groupés autour des îles, sur des bas-fonds, pendant de longues années, et y acquérir ces dimensions qui ont frappé les explorateurs qui ont visité ce continent, si longtemps soupçonné, si longtemps méconnu.

Mais ne pourrait-on pas connaître, approximativement au moins, l'épaisseur qu'un plateau de glace peut acquérir sous l'influence du froid le plus intense et pendant un hiver, et calculer sur cette donnée l'âge des masses plus considérables qui auraient été produites par l'accumulation des neiges pendant plusieurs hivers? Nous avons indiqué les signes caractéristiques de ces glaces flottantes.

Pour arriver à la solution de ce problème, nous avons cherché des données dans les relations des voyages au pôle nord, et spécialement dans les travaux de Ross et de Parry, qui ont hiverné dans les régions polaires. Nous citerons les faits les plus saillants.

Il résulte des observations du capitaine Parry à la latitude de 74° — 70, que l'épaisseur de la glace qui se formait sur la mer augmentait proportionnellement à l'intensité du froid par sa surface inférieure, et s'accroissait encore des couches de neige, qui, réunies, pouvaient à la fin de l'hiver atteindre 6 à 8 pieds. Mais dans aucun cas l'épaisseur de la glace ne dépassa 15 pieds, même sous la latitude de l'île Melleville, sous l'influence d'un froid de — 45° (1).

Nous reproduirons encore une note publiée dans l'appendice au deuxième voyage de John Ross, 1829-1833 (2), pendant l'hiver qu'il passa sous la latitude nord 70°, à Félix Harbour.

Il fit des expériences comparatives sur l'épaisseur de la glace à la mer et dans un lac d'eau douce. Voici ses propres paroles : « On trouva que la glace augmentait régulièrement chaque mois jusqu'à la fin de mai, qui fut l'époque de son maximum, savoir : 10 pieds dans la mer et 11 pieds dans le lac. Dans les mois de février et de mars, lorsque la température de l'air était — 50°, la température de la glace augmentait graduellement entre sa sur-

(1) *Voyage of Hecla and Griper for the discovery of a nord west passage*, 1819 1820. *Under Edward Parry.*

(2) *Appendix to the narrative of second voyage of S. J. Ross. Philosophical observations on cold*, page cxv.

face et l'eau de mer sur laquelle elle était placée, de telle manière qu'à la température de l'atmosphère dans sa couche superficielle, elle n'avait à sa partie inférieure que la température de l'eau de mer non congelée 27° Far. (— 2°, 78 cent.), montrant ainsi que pour geler l'eau de mer, il faut une température de 5° Far. plus basse que le point de la congélation du thermomètre Far. 32° (0° du thermomètre cent.). Ces expériences furent faites en creusant des cavités de profondeurs diverses, jusqu'à ce qu'on fût parvenu à la couche inférieure, en plaçant dans ces cavités des thermomètres que l'on y laissait pendant quelque temps et que l'on examinait avec le plus grand soin. » Malheureusement, l'auteur n'a pas donné assez de détails sur les moyens qu'il employait pour vérifier l'exactitude de ces expériences.

« Les mêmes observations furent faites sur la neige avec des résultats semblables, 12 pieds de neige présentant autant de résistance au froid que 7 pieds de glace. » (*Même note.*)

Ce fut d'après ces expériences que Ross se détermina à couvrir de glace l'habitation qu'il avait construite sur la côte Fury. On construisit des murs de neige que l'on mouilla avec de l'eau. Le toit avait de 7 à 8 pieds d'épaisseur, et était soutenu par des murs d'une grande solidité. Ce moyen réussit à préserver l'habitation contre l'intensité du froid, tant que la température de l'air fut supérieure au point de la congélation du mercure : mais lorsque ce métal se solidifia, le froid pénétra vivement malgré les parois de glace, et d'autant plus facilement que le vent était plus fort.

On sait que c'est avec des blocs taillés dans la neige que les Esquimaux et les habitants de la Bootia Felix se construisent les huttes dans lesquelles ils passent l'hiver.

Nous avons trouvé dans les autres relations de voyages quelques observations sur l'épaisseur des glaces qui s'étaient formées autour des navires retenus prisonniers dans ces mers inhospitalières. Toutes confirment celles de John Ross et d'Ed. Parry. On lit dans la relation du second voyage de ce célèbre navigateur (t. I, p. 186): « Le 7 mars 1822, pour connaître l'épaisseur de la glace formée depuis les derniers mois de l'automne, un trou fut creusé dans la glace dans un point où elle n'avait éprouvé aucun changement depuis le commencement de l'hiver, et où nous l'avions vu commencer. L'épaisseur de la glace était de 7 pieds 7 pouces, elle était le produit de cinq mois d'hiver; la glace était fragile et transparente jusqu'à 5 ou 6 pouces de sa surface inférieure, où elle devenait trouble et assez poreuse pour permettre à l'eau de mer de filtrer à travers ses espaces capillaires.

L'épaisseur de la neige était de 4 pieds et demi le 3 juin 1822, et en cassant la glace pour se mettre au large, l'épaisseur de la glace était de 4 pieds. Mais dans les points où elle avait été soumise à une pression latérale, elle atteignait 10 pieds d'épaisseur. »

Ed. Parry se trouvait alors à Winter Island. L. N. 66° 11'.

Ces diverses expériences et observations tendent à établir que la couche de glace qui se forme à la mer pendant un hiver, est proportionnelle à l'intensité négative de la température, et qu'elle est généralement très peu épaisse jusqu'au 74° 3/4 de latitude nord, latitude de l'île Melleville, où les observations ont été faites. En admettant le chiffre de 5 mètres pour l'épaisseur maximum que la glace peut acquérir à la mer dans les régions polaires en-deçà du 75°, sous une température extrême de — 47°, la température moyenne de l'année étant — 18°, nous croyons donner le chiffre le plus élevé possible.

Si nous cherchons à connaître maintenant quelle serait l'épaisseur maximum de la couche de glace qui se formerait sous le pôle nord, ou mieux encore au pôle de froid, nous trouverons qu'elle peut à peine offrir une augmentation de plus de 1 à 2 mètres.

En consultant les travaux des divers physiciens sur la température moyenne du pôle nord, nous voyons qu'elle a été fixée à 0° par Mayer, de Gottengen, température évidemment trop élevée; à —18° par M. Arago, dans le cas où la mer s'étendrait jusqu'au pôle, et à —32° dans le cas où se serait au contraire un vaste continent. Ces chiffres sont malheureusement trop éloignés pour qu'on puisse adopter une moyenne comme expression approchée de la température du pôle.

Toutefois les faits recueillis jusqu'à ce jour viennent constater que les régions polaires arctiques sont occupées par l'Océan, ou que tout au moins les terres qui peuvent s'y trouver sont séparées par de vaste canaux qui font communiquer entre elles les mers des continents arctiques. La disposition, la direction des courants, la direction des glaces flottantes, l'immense quantité de champs de glace qui sont chaque année entraînés au sud, les débris de bois que l'on a rencontrés dans le détroit de Davis et dans la mer du Nord, débris qui proviennent évidemment des forêts de l'Amérique du Nord, ou qui ont été transportés par les fleuves qui vont se jeter dans ces mers; la disposition des lignes isothermiques, et spécialement celle de — 5°, qui s'élève à une très haute latitude sous le méridien de Paris et sous celui de 180°, sont autant de données sur lesquelles on peut fonder l'opinion que la mer s'étend jusque sous le pôle arctique.

Ces considérations, l'étude comparative des lignes isothermiques, ont conduit Brewster à admettre d'abord que le pôle de froid ne coïncidait pas avec le pôle géographique, opinion que les physiciens ont généralement adoptée, et plus tard à soutenir qu'il existait deux pôles de froid dans l'hémisphère arctique : l'un au nord de l'Amérique, sous le 80° de latitude nord et 93° de longitude est, et un autre au nord de la Sibérie sous le 80° de latitude nord et le 102° de longitude est.

Berghaus s'est livré, après Brewster, à l'étude de cet important problème, et a fixé sur ses cartes météorologiques deux pôles de froid : le pôle américain sous le 78° de latitude nord et le 92° de longitude ouest, et le pôle de froid asiatique sous le 73° de latitude nord et le 118° de longitude est.

Berghaus a de plus estimé que la température moyenne du pôle de froid ouest était : — 19°, 7, et celle du pôle est, — 17°, 2.

Ces conclusions ont été attaquées par M. Duperrey dans une note publiée dans le *Journal de l'Institut*, n° 517, année 1841. Dans cette note, ce savant, aussi connu par ses voyages d'exploration que par ses travaux sur la physique du globe, établit que nous ne possédons pas un nombre suffisant d'observations pour assigner la position géographique des pôles de froid. Il croit toutefois que ce pôle doit être placé au nord de l'Amérique, et que ce point de froid maximum est le seul qui existe dans le cercle arctique. Il rejette en conséquence la supposition du pôle asiatique de Berghaus et de Brewster, en faisant observer que les navigateurs ont trouvé la mer libre entre la Nouvelle-Zemble et le détroit de Béring en passant au nord de l'Asie, tandis que le capitaine Parry n'a pu franchir la barrière de glace permanente qui se trouve entre le Spitzberg et le pôle terrestre qu'il désirait atteindre, et que, par conséquent, la position du pôle de froid américain est de beaucoup plus basse que celle du pôle sibérien, que l'on place précisément dans des parages où les glaces n'ont point offert à la navigation d'obstacle insurmontable.

On voit dans cette note que M. le capitaine Duperrey, tout en faisant observer l'inexactitude des résultats obtenus par Berghaus, et en repoussant l'hypothèse d'un pôle de froid au nord de la Sibérie, se range à l'opinion de ce physicien sur la position approximative du pôle de froid américain.

Pour nous, d'après toutes les considérations que nous venons de rappeler, nous croyons que l'on doit admettre la position assignée par Berghaus au pôle de froid américain, et sa température moyenne de — 19°, 7, comme des approximations assez bien établies.

En admettant que la température moyenne de ce pôle de froid soit — 19°, 7 (lat. N., 78° long. O. 93°); et si au moyen des tables de température comparée dans les différents mois de l'année pour les lieux les plus voisins du point fixé pour le pôle de froid, nous recherchons quelle peut être la température du mois le plus froid au pôle nord, nous arriverons à estimer que cette moyenne reste inférieure à —50°.

La température du mois le plus froid à l'île Melleville, latitude nord 74° 47′, longitude ouest 113° 8′, a été de — 35°, la température moyenne de l'année étant — 18°, 7.

Le port Bowen, lat. nord 73° 14, long. ouest

91° 15′ ; température du mois le plus froid — 33° ; température moyenne de l'année — 15°, 8.

Boothia Félix, latitude nord 70°, 2, longitude ouest 94°, 10 ; température du mois le plus froid — 35° ; température moyenne de l'année — 15°, 7.

L'île Igloolik latitude nord 69° 19′, longitude ouest 83° 23′ ; température du mois le plus froid — 33° ; température moyenne de l'année — 16° 6.

Nous voyons qu'aux latitudes de 69° 19′, de 70°, 2, 73° 14′ et enfin de 74°, 47, la température du mois le plus froid a varié de — 33° à — 35° ; la température moyenne de l'année variant de — 15°, 7 à — 18°, 7 ; c'est-à-dire que les températures moyennes des mois les plus froids ont présenté une différence de — 2° pour une différence dans les températures moyennes de — 3° ; par analogie nous devons conclure qu'au pôle de froid, dont la température moyenne est — 19°, 7, un degré plus élevé qu'au-delà du 74° lat., nous aurions pour la température moyenne du mois le plus froid une différence de 1 à 2°, savoir : — 37°. Admettons qu'elle puisse être de — 50°.

La glace conduisant très mal le calorique, son épaisseur ne peut s'augmenter que sous l'influence d'un froid prolongé, et cette épaisseur doit être proportionnelle, non pas au jour le plus froid de l'hiver, mais à la moyenne du mois le plus froid.

Si, sous la latitude nord de 75°, 47, l'épaisseur de la glace formée pendant le mois le plus froid, dont la température moyenne est — 35°, ne dépasse jamais 5 mètres, quelle épaisseur maximum pouvons-nous avoir pour une différence de 15° ? Nous avons vu dans les expériences de Ross que l'épaisseur de la glace augmentait chaque mois avec l'intensité du froid ; que, dans un lac d'eau douce, la glace avait un pied d'épaisseur de plus que la glace à la mer. La différence du point de congélation étant 2°, 65, on peut admettre que, pour une augmentation de froid de 2°,65, l'accroissement de la couche de glace sera un pied. Car si nous supposions un instant que la température des terres qui entourent le lac d'eau douce vint à s'élever de 2°, 7, nous devrions admettre que l'épaisseur de la glace, dans l'eau douce et dans la mer, devrait être semblable. En supposant donc que l'épaisseur de la glace s'accrût en rapport arithmétique avec l'intensité du froid, une différence de 15° dans la température donnerait une augmentation d'épaisseur de 5 à 6 pieds seulement, et les observations de M. Nicollet sur la conductibilité de la glace nous portent à croire que l'augmentation d'épaisseur, pour une augmentation de froid de 15°, serait à peine de 1 à 2 pieds.

En sorte qu'en prenant les données les plus élevées possible, en supposant qu'au pôle de froid, la température moyenne de l'année étant — 19°, 7, la température moyenne du mois le plus froid soit — 50°; en supposant que la couche de glace qui se forme dans les latitudes de 74° peut atteindre 15 pieds d'épaisseur, tandis que les observations citées ne donnent pas une épaisseur de plus de 12 pieds, et souvent bien au-dessous, nous trouvons que l'épais seur maximum de la couche de glace au pôle de froid ne dépasserait pas 20 pieds.

Ces calculs sont loin de présenter le degré d'exactitude que nous désirerions pouvoir apporter dans de semblables recherches; mais, privé d'observations directes, nous croyons devoir fonder une opinion approximative pour faire sentir l'exagération de certains voyageurs qui admettent, les uns, comme Powell, que la mer est parfaitement libre sous le pôle géographique, et d'autres qui supposent qu'il s'accumule des masses immenses de glaces dans la région polaire, et que ces masses, qui augmentent sans cesse de volume, menacent le monde d'un nouveau cataclysme.

Les glaces qui se forment à la mer sous le pôle de froid ne pourraient donc pas en un seul hiver, par la congélation de l'eau de mer et par les couches de neige qui s'ajoutent à sa surface, atteindre une épaisseur de plus de 20 pieds, parce que, d'une part il tombe très peu de neige sous des latitudes très élevées et des températures très basses, et que d'autre part la glace est un très mauvais conducteur du calorique.

En sorte que l'on devrait penser que les glaces flottantes n'acquièrent une grande épaisseur que lorsqu'elles restent accidentellement fixées sur les côtes, dans les baies, ou groupées près des îles, et cela à une latitude telle que les circonstances hygrométriques soient assez favorables pour qu'il tombe dans les saisons intermédiaires à l'hiver et à l'été une grande quantité de neige. Ainsi il a fallu certainement un grand nombre d'années pour former les glaces flottantes régulièrement stratifiées présentant tous les caractères propres aux glaces qui se forment à la surface de la mer, lorsque leur hauteur atteint 30 à 40 mètres.

Les navigateurs qui ont pénétré dans les glaces australes après avoir navigué sous le cercle boréal, ont tous fait observer que les glaciers, les banquises et les glaces flottantes avaient, dans l'hémisphère sud, une étendue et une puissance beaucoup plus considérables que dans l'hémisphère nord. On en a conclu que la température générale de l'hémisphère sud était inférieure à celle de l'hémisphère nord, et conséquemment que le continent antarctique, et son pôle de froid devait avoir des températures de beaucoup inférieures à celles du nord. On a conclu de l'étendue des glaciers à la diminution de la température moyenne, ce qui n'est pas extrêmement logique, comme nous le démontrerons dans la troisième partie de ce travail. Nous n'avons pas assez de données sur la température moyenne de l'hémisphère sud pour tracer les lignes isothermes de ce monde encore si nouveau pour nous ; toutefois en comparant la température moyenne des villes établies sur les côtes de l'Amérique méridionale, de la terre de Van-Diémen et de divers autres lieux, nous allons essayer de montrer que jusqu'au 53° de latitude sud, la température moyenne des villes situées dans les mêmes conditions dans les deux hémisphères ont une température semblable.

Si nous comparons la température moyenne des différents lieux aux mêmes latitudes que le port Famine, 53° lat. sud, nous trouvons que la température moyenne du détroit de Magellan est supérieure à toutes les moyennes des lieux situés sur la côte d'Amérique, et ne se trouve inférieure qu'à la température moyenne des villes de l'Angleterre et de quelques autres points de l'Europe occidentale, qui, comme on le sait, jouit d'une température moyenne infiniment plus douce que toutes les autres parties du monde aux mêmes latitudes: exception qui paraît due aux courants équatoriaux qui baignent ses rivages, à la disposition péninsulaire des terres et à l'influence des vents du sud-ouest. La température moyenne de port Famine est d'un degré plus élevé que celle de l'Iloulouk (Amérique Russe) située par la même latitude au nord 53° 52 et dans les mêmes conditions climatériques. Si nous comparons de la même manière la température de Hobart-Town, latitude sud 42° 45′, nous trouvons que sa température moyenne 11° 3′ est supérieure à celle des diverses villes du littoral de l'Amérique (nord); à celle de Medfield 8°, 2 (42° 15 lat. nord), à celle de Boston 9°, 3 (42°, 21 lat. nord), est presque égale à celle de Sévastopol 11°, 5 (Crimée, lat. 44°, 35). La température moyenne de la ville du Cap (Afrique, 33°, 56 lat. sud), 19°, 1, se trouve supérieure à celle de Savannah, 18° 1 (Caroline, 32°, 5 lat. nord), de Nangassauki, 18°, 3 (Japon, 32°, 45). Il en est de même pour Paramatta (Nouvelle-Hollande), pour Rio-Janeiro.

On trouve presque partout des résultats semblables, des températures supérieures à celle de l'Amérique nord, inférieures à celle de l'Europe, égales ou supérieures à celle de l'Asie, lorsqu'on compare les lieux situés dans des conditions climatologiques semblables.

En étendant ces investigations à toutes les villes de l'hémisphère austral, nous avons vu bien nettement que ces villes ont une température moyenne très semblable à celle des villes aux mêmes latitudes, dans l'hémisphère boréal. Et cependant beaucoup de voyageurs, de physiciens, ont admis que l'hémisphère austral était plus froid que l'hémisphère nord; on a même fixé cette différence à 5°. Nous pensons que cette opinion n'est pas exacte, et que l'hémisphère austral a une température moyenne égale à celle de notre hémisphere; mais il est vrai de dire que la distribution de la chaleur y est extrêmement différente : dans l'hémisphère nord nous avons de vastes continents dans lesquels les températures sont extrêmes; dans l'hémisphère austral, au contraire, la température varie très peu dans les différentes saisons, en sorte que les voyageurs sont étonnés d'y trouver des étés très frais et des hivers tempérés.

On a cherché à expliquer par quelques faits astronomiques cette différence de température, différence que l'on avait admise avant de l'établir sur des observations exactes. Dans l'état actuel de la science météorologique, on est loin d'avoir un assez grand nombre d'observations pour résoudre d'une manière définitive ce problème des températures moyennes des deux moitiés du globe; on ne possède non plus aucune série de faits sur lesquels on puisse appuyer l'opinion que nous avons combattue.

L'atlas de météorologie de Berghaus donne un assez grand nombre de lignes isothermes dans l'hémisphère sud ; malheureusement, ces lignes n'ont pas été tracées d'après un aussi grand nombre d'observations que celles de l'hémisphère nord, et par conséquent elles ne présentent pas le même degré d'exactitude.

Chaque fois que nous avons consulté ces cartes, nous avons été frappé de la disposition presque régulière de ces lignes, de leur parallélisme avec les cercles de latitudes; elles sont difficilement comparables à celles du nord. Nous avons cependant essayé de comparer les deux lignes isothermiques de — 5°, qui sont celles sur lesquelles, soit au nord, soit au sud, on rencontre ordinairement les banquises de glace. Dans l'hémisphère boréal, cette ligne isothermique suit une courbe très irrégulière, qui s'élève dans la mer du Nord, au-delà du Spitzberg, jusqu'au 82 ou 83° de latitude nord, où elle atteint les banquises, puis descend, en suivant les glaces du Groënland, sur le continent américain ; d'autre part, elle s'abaisse sur l'Asie, et forme ainsi deux longues courbes concaves en atteignant la latitude de 53 à 55° de latitude nord ; puis elle remonte dans le détroit de Béring, où elle forme une inflexion semblable à celle de la mer du Spitzberg (1).

La ligne isothermique de 0° suit dans l'hémisphère sud, d'après Berghaus, le parallèle de 60°, en ne faisant avec lui qu'un très petit nombre d'oscillations ; on peut tracer par le calcul la ligne de —5° en tenant compte du nombre de degrés que l'on parcourt pour des différences isothermiques de 1° dans chaque zone, de l'équateur à la ligne 60°. On reconnaît alors que cette ligne de — 5° doit osciller au sud entre les parallèles de 64 et 66° de lat. sud, en formant des courbes nord vers les îles Sandwich et la terre Adélie, et des courbes concaves vers le 30° de long. est et le 105° de long. ouest. La ligne nord — 5° oscille entre le 82 et le 55°.

La ligne isothermique de —5° se présente, dans l'hémisphère sud, d'une manière plus régulière qu'au nord, et se trouve en rapport avec la limite des banquises, dont la position géographique est à peu près connue depuis les dernières expéditions au pôle sud, et spécialement celles de d'Urville, de Wilkes et de James Ross. La ligne sur laquelle on rencontre les banquises flottantes présente des oscillations considérables autour du 66e parallèle ; elle forme deux courbes convexes au nord vers les îles Shetland et la terre Adélie par les 61 et 65° lat. sud,

(1) *Météorologie de Kaemtz*, traduite par Ch. Martin, p. 197.

et deux courbes inverses vers les long. ouest 105° et est 30°.

Les détails dans lesquels nous sommes entré sur la température de l'hémisphère austral sont d'un grand intérêt dans la question que nous traitons. En effet, quelques navigateurs, frappés des dimensions considérables que présentent les banquises et les glaces flottantes autour du continent austral, ont cherché à répandre cette idée, que la zone polaire australe a une température de beaucoup inférieure à celle du pôle nord. Nous croyons que cette opinion est mal fondée, et que les régions polaires australes ont une température moyenne très semblable à celle du pôle boréal. On pourrait objecter que cet immense continent, qui semble avoir à peu près trois fois l'étendue de l'Europe, devrait, par sa position même, donner lieu à des froids de la plus grande intensité. Mais ce continent est entouré de toutes parts par l'Océan, qui conserve autour de cette vaste contrée une température moyenne extrêmement douce. Et le pôle nord, pendant l'hiver, n'est-il pas entouré de terres bien plus étendues? Les vastes déserts de l'Amérique du Nord, les immenses steppes de la Sibérie, toutes ces terres recouvertes de neige pendant l'hiver, ne doivent-elles pas donner lieu à des phénomènes semblables? Rien, en effet, ne peut faire supposer que cette température soit notablement différente dans les deux hémisphères : seulement la distribution de la chaleur y est en rapport avec la disposition relative des terres et des mers.

Nous pensons que les dimensions énormes des banquises et des glaces flottantes que l'on observe dans l'hémisphère austral sont en rapport avec les conditions climatologiques du climat, et ne dépendent point d'une diminution dans la température de l'hémisphère. En effet, on a établi depuis longtemps que les glaciers se trouvaient en fonction des conditions hygrométriques du climat et des températures extrêmes de l'été ; et il est impossible d'imaginer des dispositions plus favorables à la formation et à l'extension des glaciers ; car tous les vents qui soufflent du large sur les terres antarctiques viennent condenser toute la vapeur d'eau dont ils se sont saturés sur l'Océan ; et d'autre part, les étés doivent y être aussi doux, aussi frais qu'il est possible de l'imaginer. Les conditions qui favorisent l'extension des glaciers, climat insulaire, terres découpées, continent s'étendant au nord, entouré d'une vaste mer d'une température très douce, conditions hygrométriques, température peu élevée de l'été; toutes ces circonstances de géographie physique concourent à donner aux glaciers et aux glaces flottantes qui se forment dans les découpures de ces terres toute l'importance possible.

On ne doit point s'étonner du peu d'épaisseur que présentent les glaces qui se forment à la mer, sous le pôle de froid nord ou sous le pôle géographique, quand on réfléchit aux causes superposées qui s'opposent à l'accroissement de leur épaisseur.

La cause la plus importante est le peu de conductibilité de la glace et de la neige, de telle sorte que sous un froid de—47° la température reste à—2°, 70 sous un plateau de glace et de neige de 8 à 10 pieds d'épaisseur ; d'autre part, tous les navigateurs qui ont hiverné au-delà du cercle polaire nord ont noté l'extrême sécheresse de l'air pendant l'hiver : pendant les mois les plus froids il ne tombe jamais de neige dans ces hautes latitudes ; les chutes ont lieu seulement au printemps et à l'automne, et si on observe que les glaciers se trouvent toujours en fonctions des qualités hygrométriques des climats d'une part, et aux températures extrêmes de l'été d'autre part, nous devons reconnaître que le pôle nord ne présente pas les conditions les plus favorables à la formation des glaciers et des glaces flottantes.

On sait du reste que dans les divers voyages qui ont été tentés pour atteindre le pôle nord, les intrépides explorateurs qui se sont efforcés par des marches rapides de s'élever vers le nord, se trouvaient bientôt arrêtés dans les latitudes élevées par le peu d'épaisseur des glaces qui ne pouvaient les soutenir, et plusieurs ont vu la mer libre au-delà des champs de glace qu'ils n'avaient pu traverser. Tous ont cité les courants qui entraînaient les glaces flottantes vers le sud, de telle sorte que souvent ils avaient pu à peine, dans une journée, faire quelques milles au nord, entraînés qu'ils étaient par le mouvement général des champs de glace vers le sud.

Nous pensons que c'est au pourtour du continent antarctique, sur les rivages du continent américain, que se font les plus grandes accumulations de glace, parce que c'est dans ces points que se trouvent réunies toutes les conditions favorables à l'augmentation des glaciers et des glaces flottantes.

L'épaisseur des plateaux n'est pas du tout en rapport avec la rigueur du climat; les froids excessifs de l'hiver ne peuvent accroître les glaces que de quelques pieds. Les conditions les plus favorables à leur formation étant une température qui oscille de quelques degrés au-dessus et au-dessous de 0°, le voisinage de la mer, des terres découpées, dans lesquelles les radeaux de glace puissent rester fixés pendant une grande série d'hivers, des courants peu rapides, des terres élevées, des chaînes de montagnes, des groupes d'îles autour desquelles viennent se fixer les glaces flottantes, sont les conditions éminemment propres au développement des glaciers et des glaces de la mer ; et elles nous paraissent plus favorables au pourtour du continant antarctique que partout ailleurs. Rien ne nous paraît aussi problématique que les accumulations de glace que l'on suppose au pôle antarctique, soit que ce continent représente une terre continue, ou des groupes séparés par des canaux, des bras de mer. En effet, il est très rare qu'il neige lorsque la température atteint une intensité négative de — 20° : plus la température s'abaisse, moins l'air contient de vapeur d'eau. Comme les glaciers et les glaces flottantes ne peuvent augmenter que par les couches de neige qui s'ajoutent à leur surface; vers les pôles de froid et les pôles géographiques, la sécheresse de l'air dans les régions polaires doit être la principale cause de leur peu de développement.

Les navigateurs et les baleiniers qui ont fréquenté les mers polaires savent reconnaître à la coloration des nuages la présence et l'état d'une banquise, et cela à une grande distance. Près des banquises ou des champs de glace, les nuages sont ordinairement d'une blancheur éclatante, produite par la réflexion des rayons obliques du soleil sur les couches de neige. Lorsque la mer est libre audelà d'une banquise, on distingue une ligne blanche, et plus loin on voit reparaître la teinte sombre du ciel polaire.

Plusieurs officiers de *l'Astrolabe* ont fait observer que les banquises et les champs de glace n'étaient pas d'une horizontalité parfaite, mais présentaient en général une inclinaison uniforme vers la mer. Nous pensons que le choc des lames qui viennent du large et qui produisent des excavations profondes sur toute la ligne extérieure de la banquise produit cette inclinaison, en modifiant la condition d'équilibre d'un même côté et sur toute une ligne de bancs de glace.

Lorsque des blocs de glace ont été détachés des glaciers, ils s'en éloignent en oscillant, et forment autour des côtes des groupes, des nappes, des lignes que l'on trouve très souvent concentriques comme nous l'avons déjà indiqué. Un fait assez remarquable, c'est qu'on rencontre généralement un canal libre entre la côte et les glaces qui s'en sont détachées; et c'est presque toujours en suivant ces canaux que les explorateurs sont arrivés aux latitudes les plus élevées. C'est ainsi que l'on a reconnu les côtes de la Boothia Félix, du Groënland jusqu'au 77°, et que James Ross a pénétré jusqu'au 78° de lat. sud.

Les champs de glace (*fields of ice*) qui se sont formés autour des terres ou à la mer, et qui généralement sont horizontaux et unis comme de vastes plaines couvertes de neige, ne se trouvent point, dans leurs migrations, dans les mêmes conditions que les îles de glace ou les blocs qui se sont détachés des glaciers. Les premiers, en raison de leur peu d'épaisseur, sont entraînés par les vents, qui sont presque sans action sur les blocs provenant des glaciers, ceux-ci étant à la fois plus denses et plus volumineux. Les courants paraissent seuls avoir de l'influence sur ces masses, qui plongent dans l'eau à une profondeur égale à huit ou neuf fois leur hauteur au-dessus du niveau de la mer (1).

(1) La glace compacte des glaciers a une densité qui varie entre 0°,90 et 0°,92, l'eau distillée à son maximum de densité étant prise pour unité. — Les glaces formées à la mer ont une densité très variable, on l'estime de 0°,84 à 0°,90 : leur rapport de flottaison est par conséquent très variable : on le fixe généralement à 1/9 pour le maximum de densité, et à 1/7 au minimum.

Les champs de glace sont entraînés plus rapidement que les îles et les îlots, et disparaissent rapidement à la mer, par la température de l'air et de l'eau à une latitude moins élevée. Les îles et les blocs de glace, en raison de leur volume, de leur texture compacte et dure, fondent très difficilement et parviennent sans se fondre à des distances très considérables. Ainsi on en voit très souvent aux environs du cap de Bonne-Espérance jusqu'au 30° et 35° de latitude sud. Sur la côte américaine on en a vu par des latitude encore moins élevées.

Les glaces flottantes, lorsqu'elles ont une épaisseur et un volume un peu considérables, cheminent généralement en se tenant à la même distance relative, en sorte qu'un navire amarré entre quelques glaces peut dériver de plusieurs milles et cheminer avec elles sous l'influence des courants qui les entraînent, sans courir le danger d'être brisé par leur rapprochement. Les navigateurs qui ont parcouru les mers glaciales ont fait observer qu'il faut éviter de se placer auprès de ces grandes îles de glace, parce qu'il arrive fréquemment qu'elles se fendent en masse, avec un bruit semblable à une détonation d'artillerie, et que les débris qui se détachent peuvent écraser les navires, ou les surmerger par les masses d'eau qu'ils soulèvent en plongeant dans la mer. C'est surtout sous l'influence des vents tièdes du sud-ouest que Scoresby a observé ces phénomènes, et il cite plusieurs naufrages dus à la destruction subite d'îles de glace qui s'étaient fendues et divisées subitement. Les grandes débâcles de glace, d'après les observations que nous avons recueillies dans les relations de voyages, paraissent se faire dans le courant de février, au pôle sud, et dans le courant de juillet, au pôle nord ; la température extrême de l'été dans les hautes latitudes de ce dernier hémisphère, correspond au 8 et 10 juillet. On a observé que la présence des glaces amenait toujours une diminution bien manifeste dans la température de l'atmosphère et de la mer. Des expériences ont été faites plusieurs fois, et ont démontré qu'à une distance de 2 ou 3 milles la colonne thermométrique descendait de quelques degrés, et qu'à une petite distance de l'île flottante elle était à peine de 3 à 4° au-dessus de o. Elles peuvent par conséquent modifier la température sur les côtes où elles vont échouer (1).

On a longtemps douté que les glaces flottantes pussent transporter des blocs erratiques d'un volume considérable; mais aujourd'hui on connaît

(1) M. Couthoy, *Bibliothèque universelle de Genève*, 2e série, vol. XLI, 1843. En août 1827, sur le Grand-Banc, par 43° 30' lat. nord et 48° long. ouest, M. Couthoy vit un grand bloc de glace échoué sur un fond de 80 ou 90 brasses. La brise était légère ; mais un remous venant de l'ouest le faisait osciller et trembler violemment sur sa base, qui broyait le sol sur lequel il reposait. On voyait sur les côtés de la masse de glace de gros blocs de roche et de matières terreuses qui y étaient incrustés, et la mer était troublée à plus d'un quart de mille de distance par le sable et le limon que la glace soulevait en baleyant le sol. Il s'affaissa avec un grand bruit et disparut en soulevant des flots de limon à 1 mille de distance.

un si grand nombre de faits qui témoignent de leur puissance de transport, qu'elle est tout-à-fait incontestable; nous ferons remarquer seulement que ce sont probablement les plateaux qui se sont formés dans les anfractuosités des côtes qui doivent transporter la plus grande masse de débris. Il est probable que les blocs erratiques à arêtes vives sont immédiatement emportés loin des montagnes dont ils ont été séparés par les îles de glace qui se détachent des glaciers.

Ces îles paraissent plutôt se briser en fragments que fondre régulièrement lorsqu'elles parviennent dans les mers tempérées. Arrivées sur des bas-fonds, souvent elles échouent à marée basse, et sont remises à flot à la marée montante. Sous l'influence du courant qui les soulève peu à peu au-dessus du sol, pourraient-elles, par leur poids et par leurs mouvements, strier les roches du fond dans une même direction ?

Au moment où les glaces échouent sur une plage ou sur un banc de sable, on les voit exécuter des mouvements d'oscillation dans plusieurs sens, et elles soulèvent alors des masses de sable et de limon; les secousses multipliées qu'elles éprouvent amènent rapidement leur désagrégation, et bientôt elles se divisent en faisant entendre des bruits que l'on a comparés à des détonations d'artillerie.

CONSIDÉRATIONS

SUR L'INFLUENCE DES CLIMATS, SUR LA DISPOSITION GÉOGRAPHIQUE ET LA LIMITE INFÉRIEURE DES GLACIERS.

ÉTUDE DU PHÉNOMÈNE ERRATIQUE DU NORD DE L'EUROPE.

Nous avons étudié les glaciers et les glaces flottantes des régions polaires; nous avons comparé les glaciers des zones arctiques à ceux des zones tempérées, puis les glaciers et les glaces flottantes du pôle boréal et du pôle austral; nous avons attribué l'extension, la puissance plus considérable des glaciers et des banquises de ce dernier hémisphère à des conditions climatologiques plus favorables, et nous nous sommes efforcé de rendre compte de toutes les modifications que présentaient les neiges éternelles, en les expliquant par les lois météorologiques.

Cette étude ne présenterait que des exceptions, si l'on n'avait pas recours, pour l'analyse des faits, aux lois générales de la distribution de la chaleur, des pluies, à l'étude des courants, des vents, qui mêlent les températures atmosphériques, comme les courants mêlent les températures de la mer, et enfin à l'étude de la configuration des terres.

Tous les agents atmosphériques, toutes les circonstances géognostiques ont une action remarquable sur la distribution de la chaleur de l'eau et de la lumière, et par conséquent une action puissante sur la distribution géographique et sur la limite inférieure des neiges perpétuelles. M. A. de Humboldt, dans ses voyages, dans ses nombreux et immortels travaux, a étudié avec un soin remarquable l'action réciproque des divers agents météorologiques et leur rapport avec la configuration des terres et la distribution des êtres organisés. Dans son dernier ouvrage, *Asie centrale, et recherches sur les chaînes de montagnes et la climatologie comparée*, le savant voyageur a discuté et comparé les diverses influences qui modifient le climat de l'Asie centrale, et lui impriment des caractères particuliers, et nous a donné une analyse des causes auxquelles on peut rapporter l'inégale hauteur de la limite inférieure des neiges perpétuelles sur les versants de l'Himalaya, dont les neiges, élevées à 5,185 mètres vers le nord, descendent, au sud, 1,111 mètres plus bas.

En étudiant avec un très grand soin tous ces travaux de météorologie et ceux qui appartiennent à MM. Arago, Kaemts et Mahlmann, nous avons cru reconnaître que les diverses causes qui, en se superposant, modifient les qualités météorologiques d'un pays, pouvaient toutes se rapporter à la disposition relative des terres et des mers, et qu'en divisant les zones de la terre en climats insulaires, péninsulaires, littoraux et continentaux, et en étudiant les caractères propres à chaque climat, sous le rapport de la distribution de la chaleur, des pluies, des vents, de la limite des neiges perpétuelles, de la végétation, etc., on pouvait démontrer que, dans *les mêmes latitudes*, les conditions climatériques étaient dans un rapport constant avec la configuration du sol et son étendue relative avec la mer; en un mot, que les désignations climat insulaire, péninsulaire, littoral, continental, en même temps qu'elles indiquent la forme et le rapport des terres et des eaux, donnent, pour ainsi dire, une mesure relative des températures, des pluies, des glaciers, de la végétation propre au pays. Pour démontrer cette influence, ce rapport de la configuration des terres sur les climats, nous avons étudié comparativement les températures des îles, des rivages et des continents dans les mêmes parallèles; nous avons fait un travail semblable pour la distribution et la limite inférieure des glaciers; mais il nous a été impossible de donner une table des pluies; le nombre des observations faites sur cette question étant trop limité, nous nous sommes appuyé sur cette loi générale : que l'humidité de l'atmosphère et la quantité de pluie qui tombe dans l'année vont en diminuant des îles aux rivages, et des rivages aux continents, ou que les qualités hygrométriques d'un lieu vont en décroissant du climat insulaire au climat continental. Nous avons essayé d'étudier et de comparer les caractères de la végétation et des flores dans les îles et les continents, et nous sommes arrivé à des résultats généraux qui confirment notre opinion sur l'influence de la configuration des terres.

Nous prenons le mot climat dans son interprétation générale ; le climat est pour nous la résultante de toutes les qualités thermométriques, hygrométriques, etc., d'un lieu; qualités qui se rapportent à sa position en latitude, à sa hauteur, à son étendue, et à sa position par rapport à la mer.

Pour pouvoir apprécier, mesurer en quelque sorte les qualités thermométriques propres aux climats, nous avons construit des tables de température des lieux situés dans les mêmes latitudes de cinq en cinq degrés, en ayant soin de choisir les villes dont les températures sont bien connues, et qui ne sont pas trop élevées au-dessus du niveau de la mer, afin qu'on pût soumettre leurs températures à une comparaison aussi exacte, aussi logique que possible.

Ces tables, qui ont été construites sur celles de Mahlmann, font ressortir immédiatement les caractères qui appartiennent à chaque climat dans des latitudes semblables; les modifications que présentent ces caractères climatologiques dans les diverses latitudes, depuis le pôle jusqu'à l'équateur, et enfin les lois générales que suivent les températures moyennes lorsque les températures extrêmes présentent des différences croissantes ou décroissantes (voy. *à la fin du volume*).

1° On reconnaît tout d'abord que les climats insulaires jouissent de températures moyennes plus élevées que les climats littoraux et continentaux, et qu'en même temps les différences entre les moyennes des températures extrêmes du mois le plus chaud et le plus froid présentent des différences beaucoup moins grandes.

Ainsi, dans la première table, les températures moyennes varient entre — 9°, 7; température moyenne de Jakousk (62° latitude nord), climat continental, et 4°, moyenne de Reikiavig Islande, climat insulaire (64° 8; longitude nord). Les températures extrêmes entre le mois le plus chaud et le mois le plus froid sont de 68° à Jakousk et de 15° pour Reikiavig. Uléaborg (65° latitude nord), climat péninsulaire, a une température moyenne de 0°, 7, et la différence entre les températures extrêmes est de 29°.

2° Si on compare ces caractères climatologiques des climats dans les diverses latitudes, on reconnaît que ces caractères présentent entre eux des différences de moins en moins considérables. Ainsi dans la première table (latitude 70 à 65°), les différences entre les températures moyennes du climat littoral et du climat continental varient entre — 9 et 4°. Les différences entre les températures extrêmes varient entre 68 et 15°. Dans la deuxième table (latitude 60 à 55°), les différences entre les températures moyennes varient entre — 3°, 6 et + 8°, 6. Les différences entre les températures extrêmes, entre 34 et 10°. Dans la quatrième table, (latitude 50 à 45°), les températures moyennes varient de 6,5 à 11°, 1 ; les températures extrêmes de 28° à 12°. Dans la cinquième table (latitude 45 — 40°), les températures moyennes varient entre 8°, 9 et 17°; les températures extrêmes entre 24 et 16°. Dans la dernière table, entre 20 et 10°, les moyennes varient de 26 à 29°; les extrêmes entre 7 et 3°. Entre 10° et l'équateur, les moyennes varient entre 26°, 5 et 29°, et les extrêmes entre 6 et 3°; en sorte que nous devons logiquement conclure que les climats insulaires, péninsulaires, littoraux et continentaux présentent entre eux des différences de moins en moins grandes en allant du pôle à l'équateur.

3° En étudiant comparativement toutes ces tables, on voit que dans chacune d'elles les températures moyennes de l'année croissent d'une manière générale, quand les différences entre les températures extrêmes de l'été et de l'hiver, du mois le plus chaud et du mois le plus froid, deviennent de moins en moins grandes.

Ainsi ces tables établissent un fait déjà indiqué, que dans les climats insulaires les températures moyennes sont généralement plus élevées et présentent, dans les diverses saisons, des différences moins grandes que dans les autres climats à même latitude ; que dans les climats péninsulaires et littoraux, les températures moyennes sont en général plus élevées que dans l'intérieur des terres et les différences moins considérables entre les saisons ; que dans les climats continentaux les températures moyennes présentent le chiffre le plus bas, et les températures extrêmes les différences les plus grandes.

Ces lois révèlent aussi une loi générale que je n'ai vu indiquée dans aucun ouvrage, que les températures moyennes croissent très généralement quand les différences entre les températures extrêmes diminuent.

Nous avons admis que la quantité de pluie qui tombait dans l'année et l'état hygrométrique de l'atmosphère allaient en diminuant du climat insulaire (maximum), au climat continental (minimum).

Les conditions thermométriques et hygrométriques des climats présentent ce rapport, que la quantité de pluie et de neige qui tombe sur un même parallèle va en augmentant dans les lieux où les températures moyennes s'élèvent, en diminuant dans les lieux où les températures moyennes s'abaissent et où les températures extrêmes présentent la plus grande différence ; les neiges perpétuelles se trouvant en fonction de la quantité de neige qui tombe pendant la mauvaise saison, et de la température extrême de l'été qui fond les neiges. Nous devons en conclure que dans les climats insulaires, où les températures moyennes sont assez élevées, et où cependant les températures estivales sont très douces, les glaciers présenteront le plus grand développement possible; ce sera précisément le contraire pour les climats continentaux. En comparant les glaciers dans les climats insulaires, péninsulaires, littoraux et continentaux, nous avons vu que dans les premiers climats, la limite des neiges perpétuelles descendait extrêmement bas, un peu moins dans les climats péninsulaires, s'élevait dans les climats littoraux, et présentait la plus grande hauteur dans les climats continentaux. Remarquons bien ici que nous ne tenons point compte des glaciers, qui descendent plus ou moins bas suivant la pente, suivant la puissance des mers de glace; mais seulement de cette limite inférieure des neiges perpétuelles qui, vue de loin, forme la bordure inférieure du manteau de glace qui recouvre les montagnes. Cette ligne est généralement très régulière, ou ne fait que de très petites oscillations sur une même chaîne de montagnes dans la même latitude. Les voyageurs qui ont parcouru le littoral de l'Amérique occidentale ont tous observé cette ligne régulière qui indique la limite des neiges perpétuelles qui couvrent les sommets des Cordilières.

Il suffit de lire la table (1) que nous avons faite en distribuant les montagnes neigeuses suivant leur climat, pour s'assurer de l'exactitude de la loi générale que nous avons déjà indiquée. Ainsi il est établi, et par l'observation et par le raisonnement, que ce sera dans les climats insulaires et péninsulaires que les neiges perpétuelles auront la plus

(1) A la fin du volume, table 13.

grande extension. De ces deux lois, que dans les climats insulaires, on a une température moyenne assez élevée, des conditions hygrométriques très favorables, on peut conclure que dans ces climats on peut avoir une flore et une faune en rapport avec l'élévation de la température moyenne, la douceur des hivers, la température modérée des étés et en même temps des glaciers très puissants. Comme exemple, nous citerons l'Islande 65° nord, l'Ounalachka 53°, 44 nord, le détroit de Magellan 53°, 44, Chiloé 41°, 43, que les voyageurs ont décrit comme des climats exceptionnels, et qui, suivant nos recherches, rentrent tout-à-fait dans les lois générales de la géographie physique. Revenons un instant sur la limite inférieure des noiges perpétuelles dans chaque climat, et comparons leur hauteur sur les montagnes situées sous des latitudes semblables, mais dans des conditions météorologiques différentes.

La limite des neiges perpétuelles est en Laponie, d'après Wahlemberg, à 1005 mètres sur la côte norvégienne, et à 1255 sur le versant suédois : c'est une différence de 250 mètres. Il est bien évident ici que cette différence est due et aux conditions hygrométriques plus favorables sur la côte norvégienne, et à la douceur de l'été sur cette même côte. A Bergen en Norvége, il tombe pendant l'année 2^{m},25 d'eau, tandis qu'à Stockholm il n'en tombe que 54 cent. (Bergen est la ville célèbre par ses pluies). Dans l'île Majeroé, latitude nord 71° 15', la limite des neiges inférieures est 720 mètres; dans la Norvége intérieure par 70° et 70° 15, elle s'élève à 1,072, 320 mètres plus haut. La température moyenne de l'île Majeroé est 0°, 2, la température de l'été 6° 4'; dans la Norvége intérieure, la moyenne de l'année est — 3°, celle de l'été 11° 2'. La différence de 352 mètres doit être attribuée à la différence de température estivale et aux conditions hygrométriques, plus favorables à Majeroé à l'extension des glaciers, bien que sa température moyenne soit plus élevée (v. la table, n° 73).

En Islande, sur l'Osterjockull, 65° nord, la limite des neiges perpétuelles est à 936 mètres au-dessus du niveau de la mer; la température moyenne de l'année est 4° 5'; celle de l'été 12. Dans la Norvége intérieure, par la latitude de 66° à 67° 30', la limite est à 1266 mètres au-dessus du niveau de la mer.

L'île d'Ounachka, 53° 44' nord, a sa limite des neiges à 1070 mètres; le détroit de Magellan, 53° 54' sud, à 1130 mètres; même latitude, même climat dans les deux hémisphères, limite des neiges très semblable. Sur le volcan Chevelutch, dans le Kamstchatka 55° 40', climat péninsulaire, les neiges s'élèvent à 1600 mètres.

Dans les Alpes 45° 46' — 46°, les neiges s'élèvent à plus de 2708 mètres. Plusieurs géologues qui s'occupent spécialement de l'étude des glaciers m'ont assuré que sur le versant nord-ouest, les neiges descendent plus bas que sur le versant nord, circonstance qui s'expliquerait très bien par l'influence des vents de sud-ouest, qui sont les plus humides, qui soufflent sur cette contrée. Entre le 42 et le 43° de latitude nord nous trouvons les Pyrénées et le Caucase, entre le 41° et le 43° de latitude sud Chiloé ; la hauteur des neiges dans ces trois points, qui appartiennent à trois climats différents, va nous donner des différences très remarquables dans la limite inférieure des neiges perpétuelles.

Chiloé, 41°—43° 5.	Pyrénées, 42°—43°.	Caucase, 42°—42'.
Lim. 1900m.	2738m.	3235m.

La température de l'été, près de Chiloé, est extrêmement douce ; toutefois le blé n'y mûrit pas, bien que la température moyenne de l'année soit cependant assez élevée; d'après Darwin, la végétation y est de toute beauté ; les plaines qui entourent les Pyrénées et le Caucase ont, au niveau de la mer, une température estivale moyenne de 22 à 24°. Entre ces trois points, nous avons des différences de 828 mètres entre Chiloé et les Pyrénées ; de 624 mètres entre les Pyrénées et le Caucase, et de 1335 mètres entre Chiloé et le Caucase. La limite inférieure de Chiloé est, je crois, un peu trop basse; elle se trouve ici en rapport avec les conditions hygrométriques. M. Darwin, qui a vu cette île et étudié ses productions, dit dans son journal qu'il ne croit pas qu'il y ait dans les pays tempérés un lieu où il tombe plus de pluie.

« I should think there are few parts of the world, » within the temperate regions, where so much » rain falls. »

En comparant les montagnes situées sous le 37e parallèle on obtient des résultats vraiment très remarquables. La température des plaines près de la mer est, sous cette ligne, de 24 à 25°.

Sicile, Etna,	37° 10 E. N.	Sierra Nevada,	37° 10 N.
(Cl. insul.) Lim.	2905m.	(Cl. péninsul.) Lim.	3410m.
Mont Argœus,	38° 33.	Mont Ararat,	39° 42.
(Cl. littoral,) Lim.	3266m.	(Cl. contin.) Lim.	4410m.
Mont Bolor,	37° 30.		
(Cl. contin.) Lim.	5067m.		

Les monts Argœus et Ararat se trouvent dans un climat qui se rapproche de plus en plus du climat continental. Enfin, nous trouvons entre les deux versants de l'Himalaya une différence de 1111 mètres pour le versant méridional où les neiges ont la plus grande extension, parce que les moussons versent sur leurs cimes une immense quantité de neige, et que d'autre part les étés sont plus chauds au nord qu'au sud de l'Himalaya.

Si nous prenons les chiffres donnés par MM. Webb et Milem, dans leur voyage de l'Himalaya, nous trouverons entre les limites des neiges perpétuelles au versant nord et au versant sud, une différence de 1170 mètres.

La côte de l'Amérique occidentale semble présenter une exception. En effet, la limite des neiges sur la pente maritime est plus élevée que sur la pente continentale, elle est là en rapport avec les conditions hygrométriques exceptionnelles de la côte péruvienne et chilienne, où, entre le 10 et le 25° de latitude sud, il ne pleut jamais. Dans la partie méridionale des Cordilières, à partir du 40° de latitude sud, les neiges perpétuelles descendent plus bas sur le versant occidental que sur le versant oriental.

L'analyse du tableau que nous avons présenté et les considérations physiques que nous avons données sur les glaciers, nous permettent donc de conclure que les glaciers ont très généralement une plus grande extension dans les climats insulaires, péninsulaires, que dans les climats littoraux, et dans ceux-ci plus d'extension que dans les climats continentaux; ainsi le raisonnement et l'observation permettent de concevoir dans un climat insulaire ou péninsulaire des glaciers très étendus et une température moyenne assez élevée.

Nous avons à tenir compte pour les températures et pour les qualités hygrométriques des climats de la hauteur des terres, et pour les neiges perpétuelles de la hauteur des montagnes. Nous avons comparé la température des lieux les plus élevés sur lesquels on a des données positives, et nous avons été très étonné de trouver que les températures moyennes de l'année fussent assez élevées: Saint-Gothard à 2905 mètres, 0°, 8 cent.; différence entre les températures de l'été et de l'hiver, 14°, 3; Saint-Bernard, à 4843 mètres, 1°, 0; différence entre les températures de l'été et de l'hiver, 14° 9; Quito, à 2,914 mètres, 15° 6; différence entre les températures extrêmes, 0° 2; Santa-Fé de Bogota, à 2,631 mètres, température moyenne 15°; différence entre les températures de l'hiver et de l'été 0° 2, et quelques autres; d'où l'on pourrait conclure que les sommets très élevés, qui forment pour ainsi dire des îles dans l'océan aérien, jouissent de la température d'un climat insulaire (voir la table, n° 12). Les grandes sommités auraient-elles à la fois les qualités hygrométriques et thermométriques des îles, et seraient-elles par cela même favorables au développement des glaciers?

Dans les divers ouvrages de météorologie, dans les relations de voyages scientifiques on trouve quelques observations sur la douceur du climat dans les îles. Darwin (*Journal of researches in geology and natural history*) a bien fait remarquer que le climat du détroit de Magellan offrait à la fois une température moyenne assez élevée, des hivers très doux, une flore et une faune d'une latitude plus élevée, et que cependant les glaciers descendaient en plusieurs parties de la Terre de Feu et du détroit jusqu'au niveau de la mer; mais on avait considéré ce fait comme une exception. M. de Humboldt, dans le savant ouvrage que nous avons cité, avait fait remarquer aussi que les îles, les rivages des continents péninsulaires comme l'Europe jouissent de températures plus constantes; que les lignes isothermes près des rivages remontent généralement au nord; mais personne jusqu'à présent n'avait démontré par des tables, personne n'avait cherché à mesurer d'une manière précise, latitude par latitude, l'influence des climats sur les températures, les pluies, la limite des neiges. Cette étude comparative des climats est surtout d'une très haute importance dans ses applications à la distribution géographique des êtres organisés. On comprend très bien que, dans les climats tempérés compris entre le 33 et 45°, entre 45 et 55° latitude nord, toutes modifications dans la configuration des terres auront de l'influence sur la distribution des êtres organisés. Si l'Angleterre venait à être réunie, par le soulèvement d'un continent, à la presqu'île scan dinave et à la France, la faune et la flore seraient profondément modifiées, les températures de l'été seraient plus vives, les hivers plus froids, et dans ce climat continental nous verrions probablement la limite inférieure des neiges s'élever sur les Alpes scandinaves.

Supposons que le continent au milieu duquel s'élève le mont Bolor soit submergé; que la mer, envahissant les plaines du Nord, vienne mouiller sa pente septentrionale; que, d'autre part les mers de l'Inde, recouvrant les vastes plaines de la Perse et de la Chine, viennent entourer de toutes parts, en se réunissant à la mer du Nord, le colosse asiatique; cette chaîne formerait alors une île d'une grande étendue et qui se trouverait dans la même latitude que la Sicile, 37° 30'. Isolé au milieu d'un océan, l'Himalaya serait dans les conditions hygrométriques les plus favorables à l'extension des glaces, et il est très probable que la ligne des neiges perpétuelles s'abaisserait au-dessous de 2905, limite des neiges de l'Etna, et descendrait par conséquent de plus de 2280 mètres. Et si, d'autre part, nous venons à admettre que le continent asiatique n'a été que successivement émergé ; que les chaînes de l'Altaï, de l'Himalaya n'ont été d'abord, avec les terrains secondaires appuyés sur leurs flancs, qu'un petit continent profondément découpé par les mers intérieures dans lesquelles se formaient les couches des terrains tertiaires ; lorsque ce terrain tertiaire a été mis à sec par des soulèvements partiels et successifs, les terres, en se groupant autour de la chaîne de l'Himalaya, ont nécessairement fait passer tour à tour ces montagnes du climat insulaire au climat littoral, au climat continental. A mesure que le continent a pris une plus vaste surface, les températures de l'été et de l'hiver ont présenté de plus grandes différences, les hivers ont été de plus en plus froids, les étés de plus en plus chauds ; la température moyenne s'est abaissée d'un petit nombre de degrés, et cependant la limite des neiges perpétuelles, qui se trouvait à 2905 mètres au-dessus du niveau de la mer quand l'Himalaya avait un climat insulaire, s'est élevée au sommet des montagnes jusqu'à 5185 mètres.

Les glaciers, en se retirant ainsi vers les faîtes, ont dû laisser dans les vallées inférieures des stries, des moraines, des blocs erratiques; mais les alluvions puissantes qui ont été produites par la fonte rapide des glaces dans les étés qui ont suivi le soulèvement des terres submergées, ont dû modifier ces dépôts, les remanier et leur ôter une partie des caractères qui permettraient de les reconnaître. Les moraines et les blocs placés sur les collines, en dehors de l'action des eaux, ont pu seuls conserver leurs caractères et leur position.

Les grandes vallées ont dû être creusées, sillonnées vers les pentes de l'Himalaya par les fleuves qui provenaient des glaciers; ces cours d'eau ont dû déposer dans leur cours jusqu'à leur embouchure les débris qu'ils avaient arrachés soit aux montagnes granitiques, soit aux terrains secondaires qu'ils avaient traversé, soit enfin, aux terrains tertiaires sur lesquels ils se creusaient un lit ou formaient des deltas en se jetant à la mer.

Ainsi, l'Obi et le Jenisseï auraient pu transporter au loin, dans leur course, des roches arrachées aux montagnes primaires de l'Himalaya, aux terrains secondaires qu'ils parcourent, répandre sur leur passage un grand nombre de dépouilles d'animaux, de végétaux appartenant à d'autres climats, et, par conséquent, différents des végétaux et des animaux qui vivent aujourd'hui dans ces contrées.

Faisons une hypothèse semblable en Europe; faisons soulever le bassin de la Méditerranée, de manière que ce fond de mer soit complétement mis à sec, ces vastes terrains exondés, en réunissant ainsi l'Asie et l'Afrique à l'Europe, lui donneraient un climat éminemment continental; je ne doute pas que nous n'eussions alors des étés beaucoup plus chauds que ceux de notre époque; nous pourrions voir les glaciers de l'Etna disparaître, ceux de la Suisse s'élever de 1000 mètres. Un phénomène géologique aussi simple aurait cependant une immense influence : il est probable que les vallées du Rhône, du Rhin, du Pô, seraient dévastées par des inondations; il se formerait sur leur lit des dépôts remplis de débris d'animaux qui habitent les montagnes ou les vallées supérieures. Les limites de culture seraient certainement modifiées, la vigne remonterait au nord, les fruits du dattier mûriraient dans nos provinces méridionales, les mammifères de l'Asie et de l'Afrique se répandraient dans l'Italie, dans l'Autriche, dans la France et peut-être plus loin dans le nord; et toutes ces modifications seraient le résultat d'un phénomène géologique des plus simples.

L'étude de la formation erratique du Nord semble révéler un soulèvement semblable très moderne, qui a modifié les conditions climatériques de l'Europe et reculé la limite des neiges scandinaves, alpines et pyrénéennes. Une analyse rapide des faits nous permettra d'établir cette opinion. Le dépôt erratique du Nord a été formé dans une mer qui avait une immense surface, s'étendant d'une part à l'est jusqu'au pied de l'Oural, au sud-est sur les plateaux de Moscou, de Smolensk, au sud vers les montagnes du Harz, et couvrant ainsi la Russie, la Pologne, la Prusse, le Danemark, les Pays-Bas, et enfin s'étendant sur une partie de l'Angleterre. Le rivage de cette mer est rigoureusement indiqué par la limite méridionale des blocs erratiques, qui sont restés, pour ainsi dire, en témoignage de son existence et de son étendue. M. Durocher, dans un mémoire extrêmement remarquable (1), et sur lequel M. Élie de Beaumont a fait un rapport qui résume toutes les connaissances que la science possède sur ce sujet, a fait observer que la limite méridionale des blocs erratiques formait une immense demi-circonférence dont Stockholm serait le centre, et qui aurait pour rayon la distance de Stockholm à Moscou, 280 lieues. M. de Verneuil, dans sa carte géologique de Russie, qu'il a bien voulu nous communiquer, a tracé cette limite des blocs erratiques en Russie et en Pologne.

Il l'a indiquée à partir de Nikolskoi (61° latitude nord, 44° longitude est) cette ligne passe, en descendant au sud-ouest, par Nichney, Riazan, s'étend jusque près de Voronech; elle remonte au nord vers Toula, se perd dans les marais de Pinsk pour reparaître en Pologne, au sud de Cracovie. Cette ligne se dirige ensuite du sud-sud-est au nord-nord-ouest, au sud d'Oppeln, de Brieg, Breslau, Liegnitz, longe la frontière qui sépare la Saxe de la Prusse, passe

(1) Voyage en Scandinavie et en Laponie en 1837, 1838, 1840. Géologie par M. Durocher.

à Leipsig, remonte vers le nord-nord-ouest, en suivant le côté nord des montagnes qui s'élèvent dans la partie méridionale de la Prusse, entre la Saxe et le Harz, cotoie les montagnes du Harz, passe à Hildesheim, à Hanovre, suit les montagnes du nord de la Westphalie, traverse les Pays-Bas un peu au nord de la frontière de la Belgique, et va se terminer aux côtes de la mer du Nord, en passant par Breda. Sur la côte orientale de l'Angleterre, à la base des montagnes du Cumberland, depuis le Cambridgeshire jusqu'au Lincolnshire, il y a des dépôts diluviens très épais et très réguliers, où se trouvent des blocs de granite erratique, dont une partie est arrachée aux montagnes de l'Angleterre, et dont l'autre a été apportée de la Suède. Telle est la ligne-limite des blocs erratiques dans l'Europe, indiquée par MM. de Verneuil, Durocher, et par les géologues qui ont publié des travaux sur cet important phénomène.

M. Élie de Beaumont a appelé l'attention sur la disposition par zones concentriques des blocs erratiques, et a signalé ce fait important, que le dépôt erratique ne cesse pas complétement à la limite des blocs venus du nord, mais présente encore une zone formée uniquement de matériaux empruntés aux roches de la contrée, et surtout aux roches sous-jacentes. Nous reproduisons un fragment de cette note qui fait partie du rapport du savant professeur.

« Le terrain erratique du Nord est également en connexion avec un grand dépôt limoneux en dehors des bornes signalées ci-dessus, dans le vaste espace occupé par le terrain erratique du Nord; son bord extérieur semble encore être marqué par une bande limoneuse qui forme un des terrains les plus fertiles de l'Europe. Il existe en Pologne, d'après M. Puch, deux formations postérieures à la période des terrains tertiaires, l'une consiste en un dépôt d'argile très puissant, qui a en certains endroits près de 200 mètres d'épaisseur, et qui forme une bande s'étendant depuis Cracovie jusqu'aux rives du Bug: c'est une marne très fine, d'un jaune clair; on y trouve des coquilles d'eau douce et les ossements des grands animaux fossiles, Éléphant, Rhinocéros, Mastodonte; cette formation, appelée *lehm*, est située au-dessous de la formation diluvienne proprement dite. Peut-être faut-il la rapprocher du limon jaune de la Hesbaye et de la Picardie, qui couvre une grande partie des plateaux du nord de la France et de la Belgique, depuis Maestricht jusqu'à Lisieux.

»Une autre partie du terrain erratique est bordée par une ligne limoneuse qui couvre une partie de la Russie.

»D'après M. le baron de Mayendorff, le chemin central qui unit les coteaux du Volga à ceux de Smolensk forme à peu près la limite de ce terrain d'humus végétal décomposé, appelé *Tschernozem* dans le pays, terrain noir, qui occupe, depuis ces collines, au nord, jusque vers les contrées du Don, au sud, et depuis le pied des Carpathes à Kamenietz,

Podolsk, jusqu'au pied de l'Oural, une région de plus de 80 millions d'hectares du terrain le plus fertile. Le limon noir de la Russie paraît avoir son analogue dans certaines parties des plaines de la Prusse. Déjà, dit M. Erman : « on a comparé le terrain noir qui, en Russie, commence au sud et en dehors de la limite des blocs erratiques, avec le terrain tout-à-fait analogue par sa manière d'être et par sa situation relativement aux terrains erratiques du nord de l'Allemagne, qui se trouve sur la frontière de la province à Magdebourg. » Le limon de ces deux dernières contrées est sans doute différent du limon jaune de la Hesbaye et du Lehm de la Pologne ; mais il est cependant remarquable de voir ces quatre lambeaux de terrains limoneux former par leur réunion une bande presque continue qui traverse l'Europe entière depuis la Manche jusqu'à l'Oural, en marquant, à peu de chose près, la limite du terrain erratique du Nord ; c'est en quelque sorte une nouvelle zone à ajouter sur la circonférence extérieure de l'espace occupé par celles que nous avons signalées dans le terrain erratique lui-même. »

Nous rappellerons rapidement les traces que l'action diluvienne a laissées après elle dans les diverses parties de l'Europe septentrionale, et nous indiquerons les observations qui ont été faites dans chacune des contrées comprises dans la vaste demi-circonférence que recouvre le dépôt erratique. Nous commencerons par étudier la Suède et la Norvége comme centre de l'action diluvienne ; nous étudierons ensuite successivement la Finlande, la Russie, la Pologne, le Danemark, la Prusse et les provinces du nord de l'Allemagne.

Nous chercherons enfin, dans l'analyse comparative de ces observations, les preuves qui nous font admettre que le phénomène diluvien du nord de l'Europe a été produit par un seul phénomène géologique, l'affaissement de la presqu'île scandinave et du sol sur lequel se sont déposés les blocs erratiques. Pour démontrer cet affaissement, nous nous efforcerons d'établir que le dépôt erratique est composé de couches stratifiées ; que le sol de la Scandinavie a subi de fréquentes oscillations ; que les rochers et les plateaux granitiques de la Norvége et de la Finlande présentent, suivant les observations de MM. Sefström, Siljeström, Böhtlingk et Durocher, des traces de l'irruption violente des eaux de la mer ; que cette immersion, produite par l'abaissement de la Scandinavie et du sol sur lequel s'est déposé le terrain erratique au-dessous du niveau de la mer, a persisté pendant un temps assez long pour permettre la formation de ce dépôt arénacé et la dispersion des blocs erratiques détachés par l'érosion diluvienne. Nous montrerons, en prenant pour point de départ les observations météorologiques que nous avons présentées, que cette immersion, en diminuant les chaleurs estivales et en augmentant les conditions hygrométriques du nord de l'Europe, a été la cause de l'extension des glaciers en Scandinavie, en Suisse, et que, lorsque les terres se sont soulevées, ces glaciers, en se retirant au sommet des montagnes, ont laissé sur leurs traces des roches striées et des débris erratiques, moraines et ösars.

Suède et Norvége. —*Stries.*—Les stries observées par M. de Lasteyrie et M. A. Brongniart, qui les avait rapportées aux courants diluviens, ont été mesurées dans ces dernières années par M. Sefström entre le 56° et le 61° de latitude nord. En suivant pas à pas le travail de M. Sefström, on voit que ces directions subissent un très grand nombre de variations, même dans des localités très voisines. Ces variations dépassent souvent 25°; cet auteur pense qu'elles ont été produites par les accidents de terrain. Un grand nombre d'observations ont été faites par M. Sefström en Norvége, par M. Böhtlingk en Suède, en Laponie; par M. le professeur Keilhau et M. Daubrée dans diverses parties de la Norvége et de la Suède; et on doit reconnaître aujourd'hui que les stries et les traces de transport divergent à partir des régions culminantes suivant la ligne de la plus grande pente des massifs; les directions des stries suivent très généralement le cours des vallées en se conformant à ses principales courbures. Cette opinion a été exprimés dans tous les mémoires publiés sur la Norvége et la Suède, par M. Keilhau, M. Sefström et M. Daubrée. Aussi on doit admettre que l'agent qui a strié le sol scandinave avait son point de départ dans les cimes neigeuses de la Norvége et a suivi les grandes vallées qui en descendent, de la même manière que les glaciers ont strié les montagnes des Alpes.

Ce n'est que loin du point de départ, loin des montagnes scandinaves, sur les plateaux faiblement ondulés de la Scanie, de la Finlande, que les stries prennent une direction plus constante, qui avait été prise d'une manière trop exclusive comme caractéristique du dépôt erratique du Nord.

M. Böhtlingk a publié sur les stries de la Suède, de la Norvége et de la Laponie, et sur le phénomène diluvien, des observations intéressantes consignées dans les Mémoires de l'Académie de Saint-Pétersbourg (cet auteur a fait des objections nombreuses à la théorie de M. Agassiz, objections que nous avons trouvées résolues en partie dans l'ouvrage de ce savant géologue).

Dans une lettre adressée à M. de Beaumont (*comptes rendus* v. 12), M. Böhtlingk a résumé de la manière suivante ses opinions sur la formation des stries :

« Nous trouvons généralement que le côté choqué regarde du côté des plateaux principaux de la contrée ; c'est de ces plateaux que paraît être partie l'impulsion qui a déterminé la direction du transport des blocs qui ont creusé les stries.

» Les montagnes isolées, même lorsqu'elles ont plus de 1,000 pieds d'élévation, produisent, seulement dans les stries, une déviation latérale tout-à-fait locale, pareille à celle occasionnée par de petites roches de quelques pieds d'élévation. Les grandes vallées ont encore une influence très marquée sur la direction des stries. C'est à cette influence que doit être rapportée la déviation que les stries présentent, comme le montre la carte du midi de la Suède, vers le grand enfoncement de l'océan Atlantique, et la manière frappante dont les stries tournent vers le nord sur la côte occidentale de la Laponie vers la mer Glaciale (1). Les petites vallées, lorsqu'elles sont étroites et bordées par de hautes murailles de rochers, comme il arrive si souvent en Norvége, déterminent la direction des stries qui suit l'axe longitudinal de la vallée; mais alors, sur les hauteurs qui bordent ces crevasses, on trouve la direction normale, qui fait quelquefois un angle de 50° avec celle observée dans la vallée.

» Les roches, là où une couverture de sable ou d'argile les protége contre l'action atmosphérique, paraissent être aussi bien usées et aussi bien rayées à une hauteur de plus de 3,000 pieds, que là où leur base est encore baignée par la mer; et même au-dessous de la mer, aussi loin que l'œil puisse pénétrer à travers une eau claire et limpide, l'usure de la roche est également parfaite. »

Pour expliquer la sulcature du sol, Böhtlingk a eu recours à une élévation subite de toute la partie

(1) Cette carte est publiée dans le bulletin de l'académie de St-Pétersbourg, t. VII, n°s 8, 9, 13.

montueuse de la Scandinavie. Il suppose que cette élévation a été faite sous une masse d'eau considérable, dont la puissance de mouvement, excitée par le soulèvement du sol, a été assez grande pour démanteler les roches et porter leurs débris à 200 lieues.

Böthlingk admet donc le soulèvement de la Suède et de la Finlande. Voici ses propres paroles : « Dans la Scandinavie, la Finlande, la Laponie et les provinces environnantes, on trouve jusqu'à 800 pieds de hauteur les traces les plus certaines d'une retraite récente de la mer, occasionnée par une élévation subite du sol. » (*Bulletin scientifique de l'Académie des sciences de Saint-Pétersbourg*, t. VII, n°s 8, 9, 13.) Par suite de cette circonstance, la Scandinavie, pendant la première moitié de la période alluviale, était encore une île, et les langues de terre de la Laponie russe, de la Finlande, de l'Esthonie, du gouvernement d'Olonetz, ainsi que les parties du gouvernement d'Archangel situées au sud et à l'est de la mer Blanche, étaient encore recouvertes par les eaux marines, au-dessus desquelles s'élevaient seulement comme des îles les parties les plus élevées de la Laponie russe. A cette époque, les glaçons de la chaîne scandinave et de la Laponie pouvaient arriver sans éprouver de choc jusque dans les plaines du nord de l'Allemagne et de la Russie centrale, laissant des blocs erratiques comme traces de leur voyage, ainsi que cela arrive encore chaque printemps pour les lacs de la Finlande et pour tous les fleuves qui se jettent dans la mer Glaciale.

Dépôt arénacé et blocs erratiques. — Les amas de détritus et de blocs, nommés en Suède *ösars* et *sand-ösars*, sont de longues traînées de détritus qui, d'après M. A. Brongniart, auraient été arrachés des montagnes par un courant diluvien, transportés en striant le sol et déposés derrière les obstacles que les eaux rencontraient dans leur cours, en formant derrière eux des bancs allongés dont la direction générale du nord au sud représente celle que devait avoir l'agent qui transportait ces débris.

Ces ösars ont été comparés aux moraines de la Suisse par M. Agassiz, qui les a considérés comme des formations semblables sur une plus grande échelle, et qui a admis que les ösars n'étaient que des moraines qui auraient été remaniées par les eaux. Ces ösars sont composés de couches de sable, de graviers arrondis mélangés avec des blocs de granite quelquefois arrondis, souvent anguleux, à arêtes vives.

Le fait du soulèvement de la Suède a été confirmé par les travaux de l'expédition scientifique au nord de l'Europe. MM. Bravais, Durocher, Eugène Robert et Martins ont publié un grand nombre d'observations sur les dépôts récents que l'on trouve sur le littoral de la presqu'île Scandinave, du Spitzberg, à des hauteurs diverses, mais qui ne dépassent pas 200 mètres.

Les lignes d'ancien niveau observées par M. Bravais sont venues donner de nouvelles preuves de ce puissant phénomène. Pour ces dépôts arénacés, la plus grande partie sont très récents et ne renferment que des coquilles qui vivent encore de nos jours dans les mers environnantes. M. Eugène Robert a cependant signalé quelques dépôts qui paraissent plus anciens et qui se rapporteraient, par ces fossiles, à la formation du crag; mais le plus grand nombre de ces dépôts renferment des coquilles dont les espèces vivent encore dans les mers du Nord et la mer Baltique. Il existe plus de 50 points en Norvége ou en Suède où on connaît de ces dépôts argileux renfermant des coquilles modernes. Nous en citerons seulement un petit nombre : à Uddewalla (Suède), à 70 mètres au-dessus du niveau de la mer; à Stockholm, à Christiania, à 200 mètres; à Drammer, à 180 mètres; à Dronthem, 120 mètres; à Arrendal, à Kousberg, dans l'île Mageröe. On a reconnu des dépôts argileux contenant des coquilles extrêmement modernes au Spitzberg, en Laponie, en Danemark. M. de Verneuil en a découvert deux gisements en Russie, dont l'un se trouve à Ustraka, à l'embouchure de la Vaga, dans la Dwina, à plus de 100 lieues de la mer. M. Lyell en a cité d'identiques dans les dépôts erratiques de l'Angleterre.

Finmark. — *Stries.* — Dans le Finmark, des stries ont été observées sur les montagnes du littoral. On voit sur la carte où Bœthlingk a tracé la direction des stries (*Bulletin de l'Académie de St-Pétersbourg*, v. VII), en Finmark, en Laponie, en Finlande et en Suède, que dans le Finmark les stries ont une direction générale au nord et se trouvent dans la direction des pentes. M. Durocher, qui a vu des stries en Finmark sur les montagnes du golfe d'Alten, sur la montagne de Raipas, à 720 mètres au-dessus du niveau de la mer, les rapporte à la ligne nord-nord-ouest — sud-sud-est 15°; il rapporte aussi à cette même direction des stries tracées sur les rochers de la côte jusqu'au niveau de la mer, stries tantôt horizontales, tantôt obliques comme si la force qui les avait produits *avait été obligée de céder à l'influence de la pesanteur.*

Dépôt erratique.—M. Durocher n'a pas rencontré de détritus considérable ni de dépôts de blocs erratiques sur les plateaux élevés, et qui puissent être rapportés à la même cause qui a creusé les stries; dans les plaines basses, il a vu des couches, des plates-formes de sable marin, des lignes d'érosion le long des côtes, des dépôts de coquilles d'espèces vivantes élevées à une vingtaine de pieds au-dessus du niveau de la mer qui indiquaient manifestement que ces terres avaient été soulevées à une époque très récente.

Laponie. — Stries. — M. Durocher a fait deux observations sur la direction des stries en Laponie; à 3 milles environ de la côte, près du ruisseau de Gurja-Jaure, sur un rocher de quartzite, les sillons et stries se dirigeant du nord 22° ouest au sud 22 est, à 420 mètres environ au-dessus du niveau de la mer. Plus loin, à 5 milles de la côte, sur le haut du vaste plateau que forme une partie de la Laponie norvégienne, des stries furent observées sur un rocher de micaschiste; la direction était nord 2 ou 3° est. D'après la carte de Böhtlingk, les stries se dirigeraient, en suivant les contours de la côte et l'inclinaison des terrains, au nord, sur la côte nord, vers le sud-est, puis au nord-est, sur la côte de la mer Blanche.

Dépôts. — Le grand plateau de la Laponie (élevé d'environ 870 mètres au-dessus du niveau de la mer) est presque partout recouvert par un dépôt de détritus formé des débris de roches de la contrée et de blocs qui proviennent des roches environnantes. On trouve, dans toute cette partie de la Laponie, et depuis Kantokeino jusqu'à Torneå, ce même dépôt avec le même caractère.

Les stries y sont peu nombreuses, mais sont en quelques points assez bien tracées pour faire reconnaître la direction du phénomène diluvien.

Finlande. — Stries et sillons. — La Finlande est un grand plateau de granite et de gneiss, présentant des ondulations, et çà et là de petites éminences. Le plateau a au plus 100 mètres au-dessus du niveau de la mer, et les collines dépassent à peine de 30 mètres le niveau des vallées.

M. Durocher a observé un grand nombre de stries, spécialement sur les roches de granite à grains

fins; c'est sur les buttes arrondies qui s'élèvent au-dessus du dépôt détritique qu'on peut les observer le plus distinctement. Ces buttes présentent des stries et des sillons sur toutes les faces : cependant on peut prendre pour direction générale la ligne nord-ouest, sud-sud-est. Il faut toutefois observer que ces directions varient considérablement et à de très petites distances. Nous citerons les chiffres de M. Durocher auprès de Hannila, nord 69° ouest-sud 69° est; à Luoto, à quelques lieues de Hannila, nord 70° ouest; entre Entilla et Raukkolla, nord 40° ouest; entre Kyrola et Peitzo, nord 50° ouest, et nord 58° ouest; à Abbors, nord 25 ouest; entre Vesuvesï et Mussajarvi, nord 30° ouest; entre Helsinge et Helsingfors, nord 25° ouest; à Helsingfors, nord 22° ouest. D'Helsingfors au lac Ladoga, la direction des stries se maintient assez régulièrement au nord 25° ouest.

En résumé, les stries et les sillons, observés par M. Durocher en Finlande, se dirigent en suivant la ligne nord 25° ouest, mais présentent un grand nombre de variations, surtout au voisinage des côtes; ces variations atteignent quelquefois 40°.

Dépôts. — M. Durocher a très bien décrit les formations détritiques de la Finlande.

Toutes les plaines, vallées, bassins, en un mot tous les lieux bas qui séparent les collines granitiques, sont isolés par un grand dépôt de sable, de débris de granite et de cailloux roulés. — Ce dépôt *grossièrement stratifié* couvre toute l'étendue de la Finlande, et se relie d'un côte avec les immenses plaines sablonneuses et marécageuses qui s'étendent vers l'est jusqu'à la chaîne de l'Oural, et d'un autre côté vers le sud, sans qu'il y ait interruption et sans qu'on puisse trouver aucune ligne de séparation; on le voit passer à cette vaste formation de sable qui couvre la Russie et qui se prolonge jusqu'à la mer Noire et jusqu'à la mer Caspienne. En Finlande, ce dépôt, formé de détritus granitiques, est remarquable par cette même horizontalité qui le caractérise dans les contrées limitrophes. Son épaisseur est très variable; en plusieurs endroits on l'a reconnu de 30 à 40 pieds. Il a comblé jusqu'à une certaine hauteur les profondeurs existant entre les montagnes, de sorte que les collines les plus basses y ont été ensevelies et les sommets les plus élevés sont restés au-dessus. Il est rare que le sable et les graviers soient disposés en osars, comme cela a lieu en Suède; il arrive quelquefois qu'ils prennent un commencement de disposition en collines allongées; mais ces cas sont rares. Quand la surface arénacée présente des érosions, elles sont souvent creusées dans des directions différentes de celles qu'on a assignées au diluvium, par des courants qui ont agi postérieurement et qui souvent existent encore aujourd'hui. M. Durocher ne cite des osars en Finlande qu'aux environs de Borga, de Korslmans et Bockart; le dépôt arénacé contient des cailloux roulés de gneiss et de granite, et des blocs erratiques de granite à gros grains et à grains fins de *Rapakivi* (*granite pourri*) qui appartiennent à des roches du pays.

Russie. — Sillons et stries. — Les dernières limites assignées par Böhtlingk aux stries diluviennes sont le rivage occidental de la mer Blanche, la côte nord de Finlande, et à l'est une ligne qui, partant de Soroka, atteindrait Viborg, en passant sur les rivages E. des lacs Onega et Ladoga. M. de Verneuil a observé en effet des stries sur les îles et sur les roches granitiques qui forment le fond du lac Ladoga; on n'a pas observé de stries et de sillons en Russie au-delà de cette ligne.

Dépôt arénacé. — Les plaines de la Russie sont couvertes d'un vaste dépôt arénacé composé de couches alternantes d'argile grossière et de sable quartzeux, mélangées de graviers, de galets, de blocs erratiques. Ce dépôt, qui a presque partout une épaisseur de plus de 100 pieds, a comblé toutes les inégalités que présentaient les terrains de transition qui composent le sol de la Russie, terrains qui, d'après M. Durocher, seraient encore dans la position où ils se sont formés. Les diverses ondulations, les diverses vallées que présente le pays ont été creusées par l'action des eaux.

M. de Verneuil a découvert sur les bords de la Dwina et de la Vaga, à cent lieues environ au sud de la mer Blanche, des couches de sable et d'argile qui contiennent de 15 à 16 espèces de coquilles modernes, dont plusieurs ont encore conservé leur couleur. Trois ou quatre appartiennent à des espèces qui vivent dans la mer Blanche ; les autres ont été identifiées par le docteur Beek de Copenhague, avec les coquilles qui habitent aujourd'hui la mer du Nord. M. Lyell a confirmé cette opinion, et regarde ce groupe de fossiles comme contemporain de ceux qui existent à Uddewalla en Suède. Cette découverte est d'une haute importante ; car elle démontre qu'à une époque très récente, la totalité du vaste plateau de la Russie a été pendant un temps considérable sous une mer dont l'Oural formait la limite orientale.

Le terrain, diluvien avec ossements de mamouths, ont élevé à 500 mètres au-dessus du niveau de la mer ; dans quelques parties de la Russie, à Tangarok, M. de Verneuil a étudié les diverses couches de terrains que présente cette falaise ; il a reconnu qu'elle était composée des mêmes couches décrites par Pallas jusqu'aux couches à ossements ; il a vu, comme ce savant voyageur, des calcaires marins inférieurs (miocènes), des sables à planorbes, paludines, unios, cyclades, témoins de l'existence d'une rivière élevée à 15 ou 20 pieds au-dessus de la mer, et enfin le dépôt d'argile sableuse dans lequel on a découvert une dent. Ces couches de calcaires sont les mêmes que M. de Verneuil a décrites dans son mémoire sur la Crimée, sous le nom de calcaire des steppes ; elles règnent sur tout le littoral de la mer Noire et de la mer d'Azof. Si cette immense formation est superposée aux dépôts à ossements, ces animaux auraient vécu à une époque antérieure au dernier cataclysme. M. Paillet a fait observer que les terrains tertiaires à ossements sont inférieurs au terrain tertiaire de Millias. Des ossements semblables à ceux du Nord ont été signalés dans les marnes subapennines.

Blocs erratiques. — Les blocs erratiques, d'après M. Dubois, se trouvent dans toutes les couches de cet immense dépôt arénacé; on en trouve un très grand nombre à la surface, surtout dans les lieux accidentés et sur les collines qui regardent au nord; ils forment autour des collines des bandes horizontales ou des demi-anneaux qui présentent leur côté convexe exposé au nord. Ils forment souvent sur les hauteurs des amas ou des groupes dirigés du nord au sud; ces blocs sont à arêtes très vives, et appartiennent, d'après MM. Durocher, Razumowsky et Dubois, à quatorze espèces de roches. Ces diverses espèces se rapportant surtout à des granites, des gneiss, des grès quartzeux; ils proviennent généralement de la Finlande, des gouvernements de Viborg (*Rapakivi*) et des environs de Saint-Pétersbourg. Ils se sont répandus sur les terres voisines de leur site originaire suivant des directions différentes, qui varient de près d'un quart de circonférence. M. Durocher croit que tous les blocs erratiques de la Russie jusqu'au Niémen proviennent de la Finlande. Un fait extrêmement remarquable et qui a été indiqué par M. Razumowsky, c'est que les blocs erratiques, les plus volumineux au moins, se sont arrêtés sur les collines qui séparent les sources du Dniéper et ses affluents la Bérésina et le Bober, de celles de la Dwina et de ses affluents. En suivant la limite des blocs erratiques à l'est, on voit qu'elle se trouve aussi vers les collines qui séparent les divers affluents du Volga, de ceux des fleuves qui vont se jeter dans la mer du Nord; mais le dépôt arénacé a dépassé cette limite.

Pologne. — *Dépôt arénacé et blocs erratiques.* — Le dépôt diluvien s'est étendu sur presque toute la Pologne, où il forme le prolongement de celui qui est en Lithuanie; on le trouve répandu dans le sud de la Podlaquie, sur le gouvernement de Lublin, sur les pentes nord et est des montagnes centrales du gouvernement de Sandomir, et on le voit passer au dépôt diluvien de la Silésie; il consiste en couches de sable très fin entremêlées de couches d'argile, mais le sable prédomine. M. de Buch le considère comme ayant été formé par la destruction des divers grès qui existent en Pologne plutôt que par la destruction des roches granitiques. Nous voyons que ce dépôt présente les mêmes caractères que celui de la Russie, alternance de sable et d'argile et mélange de débris de roches arrachées au sol sur lequel il repose. Ce terrain diluvien recouvre un dépôt d'argile très puissant, jaune clair, mélangé de parties calcaires; on y trouve des coquilles d'eau douce et des ossements de grands animaux fossiles, éléphants, rhinocéros, mastodontes. Cette formation, appelée lehm, se trouve située au-dessous de la formation diluvienne, qui lui est par conséquent postérieure ; et comme on rencontre peu d'ossements fossiles dans les couches supérieures, il faudrait conclure qu'elles se sont déposées au moment où ces grands animaux ont disparu.

Les blocs erratiques, que l'on trouve très répandus en Pologne, appartiennent aux roches de la Finlande, *rapakivi*, *granite fin*, *gneiss*, et aux roches de la Suède, *trapp*, *porphyre*, *grès à gros grains ;* on les rencontre dans les diverses couches du dépôt diluvien, à la surface du sol que nous avons décrit, et spécialement dans les sables. Leur disposition est la même que celle qui a été observée en Allemagne par M. de Buch ; ils sont ordinairement groupés sur les collines et disposés suivant des lignes variables dont la moyenne est nord et est. Dans les vallées, les blocs sont moins nombreux et disséminés.

Danemark. —*Dépôt arénacé.* — Il existe sur toute la surface du Danemark un dépôt diluvien qui est formé de couches alternantes de matières arénacées et d'argile ; à sa partie supérieure, on trouve des couches de sable mélangées de graviers ; au-dessous, des formations argileuses d'une grande épaisseur et de diverses couleurs ; au-dessous, on rencontre encore des matières arénacées. Aux environs de Copenhague, les sables et graviers proviennent des débris de roches quartzeuses et feldspathiques, granite gneiss. Dans ce dépôt, on a trouvé un grand nombre de coquilles qui vivent encore dans la Baltique : *Balanus saxicava*, *Tellina baltica*, *Venus islandica*.

M. Beck dit en avoir reconnu 70 espèces encore vivantes ; elles sont très abondantes et surtout très bien conservées dans l'argile. Ce dépôt a dû se former dans des circonstances physiques peu différentes de l'état actuel de nos mers ; il est l'équivalent de ceux qu'on a observés en Suède, auprès de Stockholm, Upsal, Uddevalla ; et comme il se relie sans interruption avec le terrain de transport de la Poméranie et du nord de l'Allemagne, on doit en conclure que ce vaste terrain de transport a été formé à la même époque dans les mêmes circonstances, et a été probablement relevé par le même phénomène.

Blocs. — Les blocs erratiques sont situés dans toutes les couches du dépôt arénacé, mais sont plus nombreux dans les couches de sable : ils appartiennent aux roches des côtes de la Suède et de la Norvége ; le plus grand nombre est formé de roches granitiques.

Allemagne (*Prusse*, *Silésie*, *Saxe*, *Hanovre*). — Le même dépôt arénacé, avec les mêmes caractères, se prolonge en Silésie et en Saxe ; mais à mesure que l'on s'éloigne de la Pologne, la nature des blocs change : le nombre de ceux qui appartiennent aux rochers de la Finlande diminue peu à peu, tandis que ceux de la Suède deviennent plus nombreux. D'après M. Durocher, les blocs de la Finlande ne dépasseraient pas le méridien de Berlin, et ceux de la Suède le méridien de Vilna. On le trouve appuyé sur les montagnes de la Westphalie, sur les Pays-Bas ; il s'étend au-delà de la limite des blocs erratiques dans les grandes vallées ouvertes au nord. Dans la vallée du Rhin, les blocs erratiques du Nord s'arrêtent à Arnheim, et le dépôt arénacé atteint Maëstricht; ici, comme en Pologne, le terrain arénacé est formé en grande partie aux dépens du terrain sur lequel il repose; ici encore le terrain erratique se trouve en connexion avec le léhm de la vallée du Rhin.

Nous ferons remarquer ici que ce léhm de la vallée du Rhin et celui de la Pologne qui s'étend de Cracovie aux rives du Bug, se trouvent précisément au milieu des affluents du Rhin et de la Vistule, et pourraient fort bien être des dépôts argileux formés par les deltas de ces fleuves, antérieurement à l'époque où l'inondation diluvienne est venue modifier les terres et les climats.

Le léhm, d'après M. Boué, couvre de grandes plaines de l'Allemagne et de la Hongrie, et remplit le fond des grandes vallées de plusieurs fleuves.

Ce dépôt est connu dans un grand nombre de localités, et a été rencontré spécialement dans les grandes vallées : c'est à ces dépôts arénacés qu'il faudrait rapporter, d'après M. Boué, les couches arénacées à ossements d'animaux éteints et les couches à coquilles terrestres que MM. Strickland et Charles Worth ont découvertes, l'un dans la vallée d'Evesham, dans le Worcestershire, et l'autre dans le Suffolk, et dans lesquels ils ont observé des coquilles du pays, à l'exception de trois espèces du genre cyclade qui paraissent éteintes. D'après M. Beudant (*Cours élémentaire de Géologie*, p. 193), ces dépôts se lient souvent à des formations très modernes, et cette opinion a été soutenue par un grand nombre de géologues du premier mérite.

Angleterre et Ecosse. — Sur la côte orientale de l'Angleterre, à la base des montagnes de Cumberland, depuis le Cambridgeshire jusqu'au Lincolnshire, il y a des dépôts diluviens très épais et très réguliers, où se trouvent des blocs de granite erratique, dont une partie a été arrachée aux montagnes de l'Angleterre, et dont l'autre a été apportée de la Suède. Aussi le professeur Sedgwick a reconnu que les blocs de granite qui accompagnent les galets dans les plaines septentrionales du Cumberland proviennent du mont Criffel, situé de l'autre côté du golfe Solway, en Ecosse.

« Entre la Tamise et la Twed on a découvert des cailloux roulés et des blocs qui proviennent de la Norvége. M. Phillips a établi que le dépôt que l'on appelle actuellement diluvium dans le Holderness, sur la côte du Yorkshire, a pour base une argile qui renferme des fragments de roches préexistantes plus ou moins gros et plus ou moins arrondis, et présentant à cet égard de grandes variations. Les roches dont ces fragments paraissent provenir ont été trouvées, quelques unes en Norvége, d'autres dans les montagnes de l'Écosse, dans celles du Cumberland, et dans le nord-ouest et ouest du Yorkshire, et une partie assez notable sur la côte du comté de Durham et dans les environs de Whitby. Les fragments sont d'autant plus arrondis que la distance d'où ils proviennent était plus considérable. On rencontre dans la masse d'argile des dépôts quelquefois très considérables de gravier et de sable. Dans un de ces dépôts, à Brandesburton, on a découvert des débris de l'Éléphant fossile. » (De la Bèche.)

« Plus au nord, on trouve des traces évidentes d'un transport. Le docteur Hibbert a trouvé à Papastour, l'une des îles Shetland, des fragments de roches qui proviennent de Hillewich-New à 12 milles au nord-est de Papastour. Le docteur Hibbert cite plusieurs faits dans lesquels les blocs erratiques viennent du nord-est. » (Hibbert, *Edinburg Journ. of sciences*, v. VII.)

Nous voyons le terrain erratique former un immense dépôt dans toute l'Europe septentrionale, s'étendant dans une immense demi-circonférence dont Stockholm serait le centre. Nous avons donné les caractères que présentent les dépôts arénacés, les blocs erratiques et les sillons pour chaque pays; jetons maintenant un coup d'œil synthétique sur tous ces phénomènes. Il est bien évident d'après les observations de Sefström, de Siljeström, de Böhtlingk, de M. le professeur Keilhau, de M. Daubrée, que la direction des stries se trouve dans le sens des grandes vallées en Scandinavie et en Laponie, et que l'agent sulcateur est venu du sommet des montagnes; M. Daubrée et quelques autres géologues ont montré que le terrain détritique recouvrait en plusieurs lieux les roches striées. Ces observations doivent faire admettre que le sol de la Scandinavie a subi diverses oscillations de soulèvement et d'abaissement pendant la formation du terrain erratique. On peut très bien expliquer la formation des stries de la Norvége et de la Suisse par la présence de glaciers puissants sur la chaîne scandinave pendant l'immersion des plaines de la Russie, de la Suède, de la Finlande, du Danemark et des provinces septentrionales de l'Allemagne. Pour les stries observés en Finlande et en Laponie, M. Böthling affirme que leur direction est telle qu'elles semblent descendre des plateaux les plus élevés de ces contrées; M. Durocher pense qu'elles sont indépendantes: auraient-elles été faites par des glaciers sur place, ou par des courants diluviens d'une grande masse et d'une grande vitesse? M. Durocher l'attribue à un immense courant venu du Nord, qui aurait passé sur le dos de la chaîne scandinave, et se serait répandu, entraînant après lui une immense quantité de détritus, sur la Finlande, qu'il aurait striée, et les plaines de l'empire russe.

En nous éloignant du centre du terrain erratique, nous voyons disparaître les stries; nous ne retrouvons plus que le dépôt arénacé qui devient de plus en plus puissant, se présentant partout avec ses caractères mixtes, se composant et de débris de roches granitiques et des débris du sol sur lequel il s'est déposé. Dans les diverses parties de ces couches arénacées, on trouve des blocs erratiques : ceux de la Russie proviennent de la Finlande; ceux de la Pologne, de la Russie et de la Finlande; ceux du Danemark, de la Suède, et enfin ceux de l'Angleterre sont d'origine norvégienne. Mais remarquons bien ici que ce vaste dépôt arénacé présente partout des caractères semblables, une succession de couches alternantes de sables et d'argile, le sable en dessus, puis des couches d'argile, et enfin de nouvelles couches de sables; que ce dépôt, qui a 40 à 50 pieds en Finlande, atteint 100 à 150 pieds en Russie, 200 à 300 pieds en Danemark, et que dans les diverses couches de ce dépôt, on trouve des blocs erratiques de la même nature disposés de la même manière, mais moins abondants dans les couches d'argile.

Les couches inférieures ne contiennent malheureusement qu'un très petit nombre de coquilles et quelques plantes marines trouvées dans l'argile en Angleterre et en Danemark; mais les couches superficielles renferment dans les parties argileuses une grande quantité de coquilles modernes. Les géologues considèrent ces dépôts comme identiques, et admettent qu'ils ont été faits dans des temps très rapprochés de nous. En indiquant sur une carte d'Europe les divers points où ces coquilles ont été recueillies, on est vraiment étonné de l'immense surface sur laquelle elles sont indiquées : on en voit, en effet, dans la Scandinavie, la Laponie, la Finlande, la Russie, les bords de la Dwina, le Danemark et l'Angleterre. Ces dépôts d'argiles bleues à coquilles très modernes occupent ainsi une vaste étendue dans la partie centrale du terrain erratique, et elles indiquent qu'à une époque très peu éloignée, les terres qu'elles recouvrent étaient immergées, et que les circonstances dans lesquels elles se sont formées différaient peu de l'état actuel de nos mers.

M. Élie de Beaumont a fait observer que le terrain erratique était entouré d'une bande limoneuse qui formait sa limite extérieure (1). A l'est, on trouve le limon noir de la Russie ; au sud de la Pologne, le lehm ; sur la frontière de Magdebourg, une bande limoneuse comparée à celle de la Russie ; enfin le limon jaune de la Hesbaye. Rappelons qu'en Angleterre M. Hibbert a signalé, près de Strangowagchal, un dépôt d'argile rouge ou brunâtre qui s'étend du nord au sud, et qui, sur une épaisseur d'environ 30 pieds, contient des blocs de granite, de trapp, de grauwake, qui proviennent du Westmoreland. Ces dépôts limoneux seraient-ils des deltas de fleuves qui auraient été recouverts par le diluvium, et d'autre part auraient-ils été produits par le sable soulevé sur les rivages par l'échouage des blocs erratiques? Dans tous les cas, ils témoignent au moins de l'immense étendue que possédait la mer dans laquelle se formaient les couches du terrain erratique.

M. Darwin a publié en 1841 un mémoire dans lequel il a donné la description du terrain erratique des terres magellaniques ; ces dépôs présentent les mêmes caractères que ceux du nord de l'Europe, les mêmes alternances de sable et d'ar

(1) Voyez page 86.

gile, des blocs anguleux à arêtes vives venues de distances énormes, et des couches irrégulièrement stratifiées, dans lesquelles on n'a pas trouvé de débris organisés.

De quelque manière que l'on veuille expliquer le phénomène diluvien, on sera toujours obligé d'admettre que ces terrains stratifiés à couches nombreuses régulières, entremêlées de blocs erratiques, se sont formés dans les eaux d'une mer parcourue par des courants plus ou moins violents, et peut-être quelquefois légèrement troublées par des changements de niveau, soit de la presqu'île scandinave, soit du littoral, et que ce dépôt erratique s'est formé pendant une longue série d'années. C'est du reste l'opinion des géologues qui ont étudié spécialement cette question, de MM. Durocher, Élie de Beaumont et de Verneuil.

Si l'immersion de la Scanie, de la Finlande, de la Russie, du Danemark, de la Pologne, de la Prusse et d'une partie de l'Angleterre est attestée par le dépôt du terrain erratique, nous devons conclure que cette immersion a modifié le climat de l'Europe; que cette immersion, en augmentant les conditions hygrométriques et en diminuant la température de l'été, en faisant passer la Scandinavie et le nord de l'Europe dans la position des climats insulaires, a dû entraîner nécessairement l'extension des glaciers en Scandinavie, en Finlande, en Suisse, et probablement dans le reste de l'Europe; que cette immersion a produit un refroidissement qui a dû surtout porter sur les températures estivales ; et ce refroidissement de l'Europe, cette extension des glaciers, auraient été produits par un simple abaissement des plaines du Nord au-dessous du niveau de la mer, abaissement démontré par tous les travaux que nous avons rappelés.

Nous avons à expliquer spécialement dans le phénomène diluvien les stries de la Norvége et de la Suède, les stries de la Finlande, la formation du dépôt erratique, et la présence et la disposition des blocs erratiques dans ce dépôt.

Pour les stries de la Suède et de la Norvége, nous croyons avec Siljestrom, Bothlingk, Daubrée, que l'agent sulcateur est venu du sommet des montagnes. Lorsqu'on voit Stockholm, ou peut-être plus exactement la partie la plus élevée des Alpes scandinaves, au pied desquelles elle est située, être le centre du mouvement et du dépôt erratique ; lorsqu'on voit les stries prendre leur point de départ des cimes des montagnes en Scandinavie, on est porté à croire que la chaîne scandinave a été le point de départ de l'action errosive, et on peut très vraisemblablement l'attribuer aux glaciers puissants qui ont recouvert ces montagnes pendant l'immersion du nord de l'Europe.

L'explication des stries de la Finlande présente de grandes difficultés. Quelques géologues refusent aux courants d'eaux animés d'une grande vitesse le pouvoir de strier les rochers, et surtout de leur donner le poli qui appartient aux roches qui avoisinent les glaciers. D'autres géologues refusent à des glaciers partiels et isolés d'avoir pu strier la Finlande, et fondent leur opinion sur le peu d'étendue qu'auraient eue des glaciers sur des îles d'une petite élévation, sur la direction des stries qui, dans le cas de l'hypothèse de ces glaciers, auraient sillonné le sol dans tous les sens. Des glaces, des banquises qui se seraient détachées des montagnes ou des falaises de la Scandinavie auraient-elles pu, en allant échouer sur les îlots granitiques de la Finlande, strier, déchirer le sol? Trois hypothèses se trouvent en présence pour expliquer le phénomène des stries de la Finlande : 1° l'existence d'un immense glacier qui aurait recouvert l'Europe et qui, en se retirant au nord, quand la température est devenue plus douce, a strié le sol et laissé des dépôts arénacés; 2° l'hypothèse des glaces flottantes; 3° l'hypothèse du courant diluvien.

L'hypothèse d'un immense glacier ne saurait, d'après M. Élie de Beaumont, expliquer la formation des stries ; car un glacier sur une plage horizontale, à une distance considérable de toute chaîne de montagnes, ne saurait avoir un mouvement capable de strier le sol. Nous ne discuterons point l'opinion de MM. Charpentier et Agassiz, qui ne repose que sur le fait du refroidissement de l'Europe et des stries des montagnes, que nous expliquons par l'immersion des plaines du Nord ; et, du reste, ce glacier européen ne rend point compte de la plupart des phénomènes que présente le terrain erratique.

Examinons l'hypothèse des glaces flottantes. On a fait observer que les glaces flottantes n'avaient d'action sur le sol que lorsqu'elles échouaient, et qu'alors les mouvements oscillatoires auxquels elles étaient soumises ne pouvaient en aucune façon produire des stries dans une direction constante. Pourraient-elles agir ainsi lorsque les marées les mettent à flot peu à peu, et les entraînent dans une direction déterminée? Si nous recherchons dans les circonstances actuelles des phénomènes semblables à ceux que l'on suppose s'être passés à l'époque de la formation du terrain diluvien, nous pouvons prendre pour point de comparaison les terres Louis-Philippe, de Palmer, de Graham, situées entre le 63 et le 65° de latitude sud, éloignées du cap Horn d'une distance de moins de 10° (250 lieues), et comparer aux îles granitiques et aux bas-fonds de la Finlande les groupes d'îles situés le long de ces terres, les îles New-South-Shetland et les îles Powell. Les glaces qui se forment dans les découpures que présentent ces terres et les blocs qui se détachent des glaciers vont échouer en grande quantité contre ces îles, qu'ils entourent quelquefois d'une ceinture de débris. Dans ces circonstances, on peut admettre que les champs de glace d'une grande puissance peuvent strier latéralement les îlots qu'ils touchent par leurs parois latérales et strier le fond dans une direction constante, lorsque les marées, qui généralement présentent une marche régulière en rapport avec les conditions topographiques du fond et des rivages, viennent soulever peu à peu les blocs de glace échoués et les entraîner dans leur course.

Les îles Powell et Shetland et les terres Louis-Philippe, quoique beaucoup plus rapprochées que les montagnes de la Finlande ne le seraient de la Scandinavie, peuvent cependant être comparées, quant à leur disposition relative. Nous aurions pu prendre les îles Sandwich, qui sont plus éloignées et qui présentent les mêmes faits. Si on avait observé sur les pentes que présentent ces îlots des stries, des blocs erratiques; si, sur les bas-fonds, on avait pu apercevoir des sillons, comme on en a reconnu dans les bas-fonds qui entourent le cap Nord et dans les lacs de la Finlande, on pourrait, jusqu'à un certain point, rapporter aux glaces flottantes la sulcature du sol. Nous n'avons pas encore assez de faits à l'appui de cette opinion.

Les géologues qui ont eu recours aux courants diluviens pour expliquer la formation des stries en Suède et en Finlande ont généralement rapporté au même phénomène le dépôt du terrain erratique. Ainsi MM. Brongniart et Sefstrom ont attribué à ces courants venus du Nord les stries et les osars qu'ils avaient observés en Suède. M. de Buch a cherché à expliquer le phénomène diluvien par des soulèvements.

M. Bothlingk a attribué le phénomène diluvien au soulèvement du sol scandinave, soulèvement qui aurait produit les grands courants, sillonné la

Suède et la Finlande, arraché les blocs erratiques, qui auraient été ensuite transportés sur des radeaux de glace. M. Durocher a admis aussi l'hypothèse des courants ; mais il en cherche l'origine au-delà de la Scandinavie, et en cela il diffère de Bothlingk. Nous allons reproduire sa théorie, celle qu'il a développée dans son beau travail de géologie (*Voyage en Scandinavie*, p. 118).

M. Durocher explique l'ensemble du phénomène diluvien de l'Europe par deux hypothèses. La première, qu'il appelle « première période du phénomène diluvien, » aurait été produite par une grande masse d'eau chargée de glace qui aurait inondé les contrées septentrionales depuis le Groënland jusqu'à la chaîne des monts Ourals ; elle se serait précipitée du Nord vers le Sud, envahissant la Norvége, la Suède et la Finlande, démantelant les montagnes et les rochers qu'elle trouvait sur son passage, en polissant la surface, et y traçant des stries et des sillons au moyen des débris qu'elle en arrachait. Cette débâcle immense s'est répandue à l'est jusqu'aux monts Ourals, au sud sur l'Allemagne, la Pologne, la Russie, à l'ouest sur l'Angleterre. « Ce qui caractérise cette première période, c'est cet état d'irruption brusque et ce degré de violence que l'on ne rencontre dans aucune catastrophe géologique antérieure. La violence de cette action et son instantanéité ont dû avoir pour effet d'arracher les parties saillantes des rochers et de produire un grand nombre de blocs de grande dimension, qui auront été poussés le long des pentes de montagnes, entraînés à des distances plus ou moins grandes et accumulés dans les lieux bas avec les détritus, de manière à former des traînées et des osars.

» Dans toutes les parties de l'Europe où ce cataclysme s'est fait sentir, il y aura eu un refroidissement très sensible, produit par l'arrivée des eaux et des glaces du pôle (c'est la deuxième période, p. 139). Peu à peu l'agitation se sera calmée, le courant général et violent aura été remplacé par des courants partiels beaucoup plus faibles. A cette époque, la mer a envahi une immense étendue de l'Europe; elle a recouvert les terrains de transition de la Russie, les terrains jurassiques, crétacés, tertiaires de la Pologne, de l'Allemagne, du Danemark, et les terrains primitifs en Finlande, Norvége, Suède, Finmark et au Groënland, où il y a des dépôts coquilliers de la même époque.

» Cette submersion d'un aussi grand nombre de terres éloignées les unes des autres, et seulement de terres basses, me paraît avoir été déterminée, non par un abaissement au-dessous du niveau de la mer, mais plutôt par une élévation générale du niveau des eaux, résultant de ce refluement vers le sud.

» Pendant toute cette période, qui a suivi la grande débâcle, il s'est opéré par les radeaux de glace un transport de blocs erratiques du nord vers le sud, jusqu'à ce que les contrées qui forment la côte sud de la Baltique se soient trouvées au-dessus du niveau de la mer. Ce soulèvement me paraît avoir eu lieu en une seule fois (quoique sans violence), à en juger d'après la forme des côtes de la Baltique, où elles sont formées par des escarpements abrupts, au lieu de s'abaisser en pente douce, comme cela aurait lieu probablement si le soulèvement avait été lent et graduel. Le dépôt aurait cessé d'une manière brusque pour le nord de l'Allemagne et la Russie; mais pour les dépôts sédimentaires et coquilliers qui se forment encore aujourd'hui à l'embouchure des courants d'eau sur les côtes de la Baltique, et les dépôts identiques qui sont relevés à une petite distance du rivage, ils appartiennent évidemment à la période de soulèvement qui se fait de nos jours. »

La théorie de M. Durocher rend très bien compte des stries de la Finlande, de la formation du dépôt arénacé dans la Finlande, la Russie, la Pologne, mais ne me paraît pas donner une explication satisfaisante des stries de la Scandinavie, de leur direction et des osars de la Suède, qui présentent des directions très variables.

On peut faire à M. Durocher trois objections principales : 1° d'avoir recours à deux hypothèses différentes pour expliquer le phénomène diluvien : stries, dépôts arénacés et disposition des blocs erratiques, qui présentent des rapports si intimes, que l'on doit penser que ces phénomènes se sont produits dans le même temps et par la même cause.

2° L'hypothèse d'un soulèvement brusque sous

le cercle polaire, et qui aurait produit un refluement des eaux du Nord, qui, chargées de glace, auraient démantelé les rochers de la Scandinavie et de la Finlande, ne repose sur aucune donnée positive.

3° Enfin l'hypothèse d'une élévation permanente du niveau de la mer, résultant du refluement des eaux du Nord vers le Sud, provoquée par un soulèvement brusque sous le cercle polaire, est complétement inadmissible.

Les faits observés par M. Durocher ont été analysés par lui avec le plus grand soin; sa théorie sur la distribution des blocs erratiques sur le fond de la mer, dans laquelle se formait le dépôt erratique, nous paraît très ingénieuse et extrêmement probable : c'est ainsi que l'on voit se former de nos jours les terrains erratiques des côtes du Nord, de celles de l'Amérique du Sud, vers le cap Horn; mais les hypothèses générales auxquelles l'auteur a rapporté ses théories ne nous paraissent pas fondées. Quoi qu'il en soit, les beaux travaux de M. Durocher ont fait faire un grand pas à la question : c'est un succès légitime et durable que ne peuvent nullement atteindre les diverses opinions qui seront émises sur la cause première du phénomène.

Il est aujourd'hui bien démontré que la presqu'île Scandinave, la Laponie, la Finlande, les plaines de la Russie et du nord de l'Allemagne, ont subi, à des époques très récentes, des oscillations au-dessus et au-dessous du niveau de la mer.

Il y a des oscillations très anciennes qui sont indiquées par les diverses traces qu'ont laissées, à différentes hauteurs, les anciennes lignes du niveau de la mer, et enfin par le soulèvement très moderne des argiles bleues que l'on rencontre souvent à une assez grande hauteur.

S'il est établi qu'à une époque très récente une immense surface au nord de l'Europe a été relevée de près de 200 mètres ; s'il est établi que les montagnes du centre et tout le pourtour du terrain erratique ont été sous les eaux pendant une longue série d'années, on peut admettre qu'à une certaine époque, tout le sol que recouvre le terrain erratique a été immergé, et avec lui la presqu'île Scandinave, située au centre de cette vaste demi-circonférence.

Examinons ce qui se passerait aujourd'hui si le sol de la Scandinavie, si tout le terrain erratique venait à être immergé par un affaissement, en supposant que la cause de cet affaissement eût lieu dans le voisinage de la Suède ou de la Norvége. On ne peut supposer une immersion subite sans un cataclysme d'une grande violence, produit par l'action des eaux qui se précipiteraient dans l'espace abandonné par les terres ; une série de vagues d'une immense puissance se jetteraient sur la chaîne scandinave, disloqueraient les roches et entraîneraient dans leur course un grand nombre de blocs qui pourraient strier et déchirer le sol à une grande distance. La mer envahirait toutes les terres abaissées, des courants s'établiraient, et une immense quantité de débris seraient répandus sur le sol immergé. Mais bientôt cette mer, communiquant avec la mer Blanche, avec la mer du Nord, serait couverte des glaces flottantes qui s'éloignent des pôles; la température de l'été serait considérablement modifiée, et par la disposition insulaire de l'Europe, et par les conditions hygrométriques plus favorables; et bientôt la chaîne scandinave, formant ou une île ou une série d'îles dans la mer du Nord, serait couverte de glaciers, et pendant l'été nous verrions les blocs de glace détachés des montagnes, les radeaux séparés des côtes apporter sur le littoral une grande quantité de blocs erratiques et de menus débris. Les modifications que nous venons de signaler dans les températures estivales de l'Europe, l'augmentation de la quantité de neige dans ce climat insulaire, la présence des glaces flottantes jusqu'à 50° de lat. nord, entraîneraient nécessairement l'extension des glaciers des Alpes et des autres chaînes de montagnes.

Cette hypothèse, reposant sur le fait de l'ancienne immersion de la presqu'île Scandinave et des terrains erratiques qui l'environnent, rend compte précisément des courants qui ont dû sillonner et strier le sol, produire une grande masse de déblais qui auront été abandonnés sur les pentes, où ils auront été plus tard repris et transportés par les glaciers et les glaces flottantes, suivant la théorie admise par M. Durocher pour la dispersion des blocs erratiques. Le courant diluvien qui aurait été le premier résultat de l'immersion aurait eu ainsi pour premier effet de former une grande masse de déblais, de détacher des blocs d'un grand volume, et de strier le sol de la Finlande et de la Laponie.

Le second effet de l'immersion que nous admettons aurait produit, par les nouvelles conditions météorologiques qu'elle entraînait après elle, l'extension des glaciers de la Scandinavie et de la Suisse. Pendant cette période d'immersion et de refroidissement du nord de l'Europe, aurait eu lieu le phénomène de la distribution des blocs erratiques par les glaces flottantes, et nous rapporterions alors les stries de la Scandinavie à l'action des glaciers sur place, qui auraient eu alors une plus grande étendue.

Après une longue série d'années, les terres ont été relevées, probablement par plusieurs soulèvements, plusieurs oscillations : le climat s'est modifié, les glaciers ont fondu, leurs eaux ont remanié les moraines, les ont disposées en osars ; ont raviné le sol, ont accumulé çà et là des masses linéaires d'alluvions, et enfin nous sommes revenus peu à peu à l'époque actuelle.

La nature du terrain erratique, le peu de fossiles qu'on y rencontre, pourraient faire croire que le sol sur lequel ces dépôts se sont formés a subi plusieurs oscillations, surtout dans les premiers temps de l'immersion. Les observations de M. Daubrée sur les rapports des stries et des argiles bleues pourraient aussi confirmer cette opinion. Il aurait fallu du reste un temps assez long pour que les mollusques et les crustacés des mers voisines vinssent se fixer sur le nouveau rivage de la mer erratique.

Le petit nombre de coquilles fossiles dans les premiers dépôts du terrain erratique pourrait être interprété par les conditions défavorables dans lesquelles se seraient trouvés les mollusques pour s'établir sur des côtes nécessairement troublées par les mouvements des radeaux de glace et par l'action des blocs erratiques, ou des îles de glace, qui, en échouant sur les bas-fonds, soulèvent de grandes quantités de sable et de limon. M. Darwin a fait remarquer que les dépôts erratiques qu'il avait observés au détroit de Magellan ne renferment pas non plus de coquilles fossiles, et il attribue leur absence aux causes que nous venons d'énumérer.

Les détails dans lesquels nous sommes entré sur les glaciers et les glaces flottantes des latitudes élevées, sur leurs modifications, sur leurs moraines, sur le transport des blocs, nous dispensent de revenir sur ce sujet.

Cette manière d'expliquer les phénomènes diluviens et le dépôt erratique du Nord nous a été suggérée par l'étude attentive de tous les travaux qui ont été publiés sur ce sujet; elle nous paraît répondre à toutes les parties des phénomènes, et se trouver en rapport avec les lois générales de la géologie et de la physique du globe.

BOTANIQUE.

DE L'INFLUENCE DES CLIMATS

ET DE LA CONFIGURATION DES TERRES

SUR LA DISTRIBUTION DES VÉGÉTAUX.

PROPOSITIONS.

Dans la série de propositions que nous présentons, nous désirons établir que les conditions orographiques et climatologiques des terres ont une grande influence sur la distribution des espèces végétales, et que toute modification géologique qui changerait la disposition des terres et des mers aurait pour résultat d'altérer la composition des flores, soit par l'extinction d'un certain nombre d'espèces, soit par l'adjonction d'un certain nombre d'espèces étrangères.

1° L'étude comparative des flores des diverses contrées explorées par les botanistes a démontré que les végétaux se trouvaient distribués en régions distinctes, formant des flores propres à des lieux plus ou moins circonscrits, et que la dispersion des espèces paraissait s'être faite à partir de ces régions, que l'on a considérées comme des centres de création.

2° Si, dès le principe, les flores ont été créées spécialement pour chaque contrée qu'elles devaient habiter, il y a eu secondairement une dissémination des espèces qui se sont répandues peu à peu de ces régions primitives, et se sont mêlées aux espèces des régions voisines, et il s'est formé ainsi une distribution secondaire.

3° Cette distribution secondaire des espèces végétales s'est faite sous l'influence des conditions orographiques et climatologiques que nous pouvons apprécier, au moins en partie, en comparant la distribution relative des végétaux sur le même continent, à de petites distances, et en étudiant comparativement l'action des agents climatériques, et celle non moins puissante de la disposition orographique des terres.

4° Dans l'état actuel, les rapports des continents sont très différents, et leurs flores, aussi bien que leurs faunes, présentent des différences d'autant plus grandes, que l'espace et les obstacles qui séparent ces continents sont plus vastes ou plus considérables. Les zones arctiques, reliées entre elles par des îles, par des terres peu éloignées les unes des autres, par des bancs de glace qui permettent les migrations des animaux, présentent dans leurs flores et dans leurs faunes un nombre remarquable d'espèces identiques et des rapports très nombreux. Mais à mesure que l'on s'éloigne du pôle nord pour se rapprocher de l'équateur, les rapports diminuent. Il existe bien dans des climats semblables des flores analogues, offrant un aspect semblable, appartenant, en général, aux mêmes grandes familles, mais les espèces, les genres qui représentent ces familles sont différents ; les espèces communes deviennent plus rares.

En se rapprochant du pôle antarctique, la divergence entre les flores et les faunes devient de plus en plus considérable, et bien que sous des climats semblables, les flores présentent des espèces et des genres presque tous différents.

5° Sur le même continent, sous des latitudes semblables, les flores devraient se composer pour ainsi dire des mêmes plantes, et cependant elles présentent souvent, à de très petites distances, des différences considérables. On doit rapporter ces différences aux diverses conditions climatologiques et orographiques des lieux. Les lignes isothermiques, isothériques, isochymènes, formant des courbes très différentes, et souvent très éloignées les unes des autres, les plantes se sont répandues suivant les besoins de leur organisation, suivant telle ou telle ligne; d'autres ont suivi le cours des eaux, dont elles recherchent le voisinage, ou, encore, se sont établies au bord des eaux stagnantes, sur le rivage des mers; d'autres enfin, recherchant le climat des montagnes, se sont fixées sur les faîtes des chaînes de montagnes du continent.

Dans chaque continent, presque tous les bassins orographiques sont dans des conditions différentes, et sous le rapport météorologique et sous le rapport de la composition du sol; aussi ne devons-nous pas nous étonner de trouver des flores qui présentent des différences analogues.

6° Lorsqu'on étudie comparativement les climats propres aux îles, aux rivages, aux continents, et que l'on vient à reconnaître que les différences qu'ils présentent, et que nous avons signalées dans des tables comparatives, sont, dans les climats tempérés et froids, si considérables, que les lignes isothériques s'élèvent à 20° en latitude plus au nord dans un point que dans un autre; lorsque l'on voit qu'entre le 55° et le 65°, les différences, outre la température moyenne des mois, peuvent s'élever jusqu'à 60°, on est porté, *à priori*, à admettre que sur la même latitude, les climats étant entièrement différents, c'est-à-dire étant successivement insulaire, littoral et continental, les flores présentent de très notables différences; et, en effet, la flore de l'Angleterre présente des différences considérables avec celle de la Russie. La flore de l'ouest de la France est bien différente de celle des plateaux de la Russie et de l'Autriche aux mêmes latitudes. Et si nous étudions les différences produites par les bassins, par les circonscriptions orographiques, nous trouverons que les bassins de la Méditerranée, ceux de l'Océan, à l'ouest de la France; que les bassins, au nord et au sud des Alpes, présentent des différences très grandes et très faciles à apprécier.

7° Mais si la disposition relative des terres et des mers, si la composition géologique du sol, si la présence des cours d'eau, si toutes les circonstances orographiques et climatologiques ont une action sur la composition des flores et sur celle des faunes, on doit en conclure nécessairement que toute modification géologique qui aura pour résultat de changer les conditions climatériques et orographiques d'un continent ou d'une partie de ce continent, soit en transformant une île en rivage, soit en faisant de ce rivage le centre d'un continent, soit en changeant le cours des eaux, soit en modifiant le relief du sol par le soulèvement de plusieurs lignes de montagnes, entraînera nécessairement un changement analogue dans la composition des flores, en changeant plus ou moins les conditions d'existence des êtres qui doivent habiter le sol.

8° L'étude comparative des régions botaniques actuelles peut conduire à connaître les rapports qui existaient entre les continents avant notre époque, par la présence ou l'absence d'espèces identiques. L'étude comparative des flores antédiluviennes peut aussi nous indiquer les rapports qui ont existé entre les continents sur lesquels ces végétaux ont vécu. Il est bien entendu que nous supposons que l'on ne compare que des fossiles qui ont évidemment vécu sur les points où ils sont enfouis.

9° Lorsque l'on compare la flore fossile des anciennes couches avec la flore moderne, on ne peut presque jamais comparer des espèces identiques, pas même des plantes des mêmes genres, mais seulement des plantes appartenant à des genres voisins ou aux mêmes familles. Dans ces circonstances, il est presque impossible d'obtenir d'une manière un peu exacte le chiffre et le caractère de la température moyenne du lieu ou du climat; car nous trouvons des espèces des mêmes genres et des mêmes familles répandues sur d'immenses surfaces et dans des climats très différents; et, quand bien même on pourrait déterminer par la comparaison des plantes de la flore fossile aux analogues de la flore moderne, il ne faudrait pas se hâter de conclure que telle famille de plantes, ne dépassant pas aujourd'hui le 20° de latitude nord, et se trouvant aux époques antérieures sous le 45e parallèle, que sur ce parallèle on avait à cette époque la température du 20° de nos jours; on pourrait simplement en conclure que sur ce point on avait des conditions climatologiques qui le rapprochaient des lieux où ces végétaux vivent aujourd'hui; car, comme on peut l'observer dans les tables des températures comparées de 5 en 5°, on a sur le même parallèle des températures moyennes et extrêmes très variables, suivant la disposition orographique du sol.

10° Bien qu'il soit possible, et que jusqu'à ce jour les faits semblent indiquer qu'à chaque grande révolution géologique une nouvelle flore et une nouvelle faune sont venues habiter la surface de la partie du globe que l'on étudie, on ne doit admettre la théorie des créations nouvelles qu'avec réserve, jusqu'à ce qu'il soit bien démontré que ces changements, presque complets dans les faunes et dans les flores, n'ont pas été opérés par la destruction générale des espèces d'une région botanique et zoologique, et par leur remplacement par les migrations des espèces venues des contrées voisines.

11° On doit connaître, dans tous les cas, que les flores et les faunes, soit qu'elles remontent toutes à une même création, soit qu'elles appartiennent à des créations successives, soit qu'elles aient subi une modification créatrice incessante pendant les époques géologiques ; on doit reconnaître, dis-je, que ces grandes sociétés végétales et animales ont été nécessairement modifiées dans leur composition, soit par la destruction d'un grand nombre d'espèces, soit par la dissémination des espèces à la suite des grands cataclysmes du globe, qui ont changé complétement toutes les conditions climatériques et orographiques des terres.

ZOOLOGIE.

OBSERVATIONS SUR LA DISTRIBUTION GÉOGRAPHIQUE DES ANIMAUX.

PROPOSITIONS.

1° La distribution géographique des animaux est fondée sur l'observation. L'étude de la géographie physique (climatologie et configuration des terres), pas plus que l'étude de l'organisation des animaux, ne peut *à priori* conduire à la connaissance des lois auxquelles se trouve soumise la distribution des animaux à la surface du globe; mais cette étude, ainsi que celle de l'organisation, peut dans un grand nombre de cas rendre raison des faits observés, et faire apprécier l'influence que les circonstances physiques et les conditions organiques ont apportée à la répartition des espèces.

2° L'observation a appris que le nombre des espèces, des genres, des familles qui composent les faunes va généralement en décroissant des zones équatoriales aux zones polaires.

3° Dans les régions tropicales et tempérées, non seulement le nombre des espèces est plus nombreux, mais on observe dans les diverses classes qui forment leur faune un plus grand nombre de types d'organisation, et en même temps des types d'organisation plus élevée.

4° Les grandes îles, les continents, les contrées isolés par de grandes mers, par des chaînes de montagnes, par des déserts de sable, présentent généralement des populations animales spéciales, caractérisées par des types d'organisation distincts dans chaque classe d'animaux, types qui appartiennent en propre à cette région et qui n'ont autre part qu'un petit nombre de représentants. Ces régions, qui ont des faunes spéciales que l'on est forcé de rapporter à des créations distinctes, prennent le nom de centres de création, ou celui de régions zoologiques.

5° Les terres et les rivages situés dans des latitudes semblables et dans les mêmes conditions climatologiques présentent souvent des rapports dans leur faune, soit par l'existence d'espèces identiques, ou d'espèces appartenant au même genre, ou enfin d'espèces et de genres équivalents.

6° Le nombre des espèces et les variétés que présentent ces espèces dans leur forme, leur taille et leur organisation sont généralement proportionnels à l'étendue des terres; en sorte qu'en petit nombre dans les îles, elles se multiplient sur les grands continents. Ceci s'applique spécialement aux mammifères.

7° Les animaux tendent à se répandre des centres de création dans les lieux voisins ou à de grandes distances, mais cette migration est soumise à un certain nombre d'influences que l'on peut rapporter, 1° à l'organisation de l'animal et à ses conditions d'existence; 2° aux climats; 3° à l'homme.

8° L'organisation des animaux a évidemment une influence sur leur distribution géographique; en effet, de cette organisation dépendent la nutrition, la reproduction, la puissance de l'appareil de locomotion, et enfin le milieu dans lequel l'animal est appelé à vivre.

Par la nutrition, les animaux sont soumis en partie à l'habitation des espèces végétales ou animales qui servent à leur nourriture; par la reproduction, à se rapprocher des végétaux dans lesquels ils déposeront leurs œufs, ou qui serviront à la nutrition de leur progéniture.

La puissance de l'appareil locomoteur a nécessairement une grande influence sur l'habitation des espèces. Les grands mammifères, les oiseaux, les poissons se déplacent avec la plus grande facilité et se répandent sur de grandes surfaces. Le plus grand nombre des animaux a une habitation circonscrite, que ses besoins, sa faiblesse ou ses conditions d'existence ne lui permettent pas de franchir.

On doit aussi tenir compte du milieu dans lequel vivent les animaux, et, sous ce rapport, leur dispersion présente de grandes différences, suivant qu'ils habitent l'air, la mer ou la terre.

9° Les influences qui se rapportent aux climats sont des plus nombreuses et des mieux déterminées.

C'est à la distribution de la chaleur que nous devons rapporter les deux observations générales 1 et 2, sur la composition des faunes dans les diverses zones de l'équateur au pôle.

Les habitations spéciales des animaux à des hauteurs déterminées sur les montagnes sont attribuées aux conditions climatologiques si diverses que présentent les grandes chaînes.

On peut rapporter en partie aux courants qui baignent les côtes dans les diverses saisons les migrations des animaux pélagiens.

Dans les mêmes latitudes, les différences que présentent les climats et la température de la mer tendent à augmenter l'influence des diverses causes qui déterminent la composition spéciale des faunes propres aux régions zoologiques.

Enfin les conditions climatologiques des îles et des rivages, par leur température moyenne plus élevée, et par l'uniformité de leur température, peuvent expliquer en partie la composition de leur faune, et faire comprendre comment ils peuvent être habités par des espèces qui ont leurs équivalents dans des zones de latitude moins élevée.

10° Les animaux qui vivent dans la mer, et spécialement les mollusques et les crustacés, ont sur les côtes des habitations situées dans des zones particulières à un certain nombre d'espèces; en sorte que les animaux marins ont sur les côtes des échelles d'habitations comparables à celles des végétaux sur les montagnes, et ces habitations paraissent déterminées par la température, la pression des eaux, la nature des fonds et par quelques circonstances inappréciables.

11° L'homme a enfin modifié considérablement la distribution des animaux en propageant les espèces utiles qu'il a pu soumettre à la domesticité, et en détruisant un grand nombre d'individus d'autres espèces pour ses besoins ou pour sa défense.

12° Les régions zoologiques sont si nombreuses à la surface du globe, et sont souvent à des distances si petites, que nous ne devons point nous étonner que des couches géologiques de la même époque, du même terrain, présentent des différences dans leurs fossiles ; les moindres changements dans le niveau du sol, dans les courants, pouvant modifier considérablement l'habitation des mollusques, des crustacés, des poissons, etc. ; toutes les variations dans le relief du sol, dans la disposition relative des terres et des mers, et par suite dans les climats, pouvant introduire dans les faunes terrestres des différences en rapport avec les modifications climatologiques.

Tables comparatives de la distribution de la chaleur dans les climats insulaires, littoraux et continentaux sous des latitudes semblables.

CLIMATS.	LIEUX.	LATITUDE.	LONGITUDE.	HAUTEUR au-dessus de la mer.	TEMPÉRATURE MOYENNE. Année.	Hiver.	Été.	Différence des 2 moy.	Mois le plus froid.	Mois le plus chaud.	Différence.
	Table n° 1. Lieux situés entre 65° et 60°.										
		° ′	° ′		°	°	°	°			°
Conti-nental. .	Jakousk.	62 1 N.	126 47 E.	117	—9.7	—38.9	17.2	56.1	—40	+20	60
	Fort Franklin. . .	65 12 —	125 23 O.	68	—8.2	—27.2	10.2	37.4	—30	11	41
	Fort Simpson. . .	62 11 —	125 52 O.		—3.2	—23.5	15.1	38.6	—24	17	41
Pénin-sulaire. .	Uleaborg.	65 3 —	25 6 E.		0.7	—11.1	14.3	25.4	—13	16	29
	Uméa.	63 50 —	17 56 E.		2.1	—10.2	14.1	24.3	—11	16	27
	Hernœsand. . . .	62 38 —	15 33 E.		2.3	— 8.1	13.4	21.5	— 8	14	22
	Abo.	60 27 —	19 57 E.		4.6	— 5.4	15.1	21.1	— 6	17	23
	Falun (Suède. . .	60 39 —	15 25 E.	121	4 4	— 5.5	20.1	21.0	— 7	15	22
Insulaire	Eyafiordur (Islande).	65 40 —	22 0 O.		0.0	— 6.2	7.7	13.9	— 7	8	15
	Reikiavig (Islande).	64 8 —	24 16 O.		4.0	— 1.6	12.0	13.6	— 2	13	15
	T. n° 2. Lieux situés entre 60° et 55° latitude.										
Conti-nental. .	Kazan	55 48 N.	46 47	19	2.2	—14.3	17.0	31	—16.5	18	34
	Moscou.	55 45 —	35 18	95	3.6	—10.3	16.8	26 8	—10	17	27
	Saint-Pétersbourg. .	59 56 —	27 59		3.5	— 8.4	15.7	24.3	—10	16	26
	Tilsit.	55 4 —	19 33		6.7	— 3.6	16.7	20.3	— 5	17	22
Pénin-sulaire. .	Stockholm . . .	[illegible] —	18 [illegible]	41	[illegible]	— [illegible]	10.1	10.7	[illegible]	17	[illegible]
	Christiania. . . .	59 54 —	8 25		5.4	— 3 8	15 3	19.1	— 4	16	20
	Upsal.	59 52 —	15 18		5.2	— 3.7	15.4	18.8	— 4	16	20
Insulaire	Edimbourg. . . .	55 57 —	5 32	88	8.6	+ 3.6	14.4	11.3	— 2	15	17
	Stromneis (Orkoeys)	58 57 —	5 49		8.0	+ 4.0	12.5	7.5	+ 3	3	10
	T. n° 3. Lieux situés entre 55° et 50° latitude.										
Conti-nental. .	Irkousk.	52 16 N.	101 58 E.	409	—0.2	—17.6	15.9	33.5	—19	17	36
	Tambow (Russie). .	52 47 —	39 8 —	62	5.1	— 8.7	18.4	27.1	—12	20	32
	Fulda.	50 34 —	7 24 —	273	8.3	— 2.7	18.7	21.4	— 3	19	22
	Wilna.	54 41 —	22 58 —	117	6.3	— 4.6	17.6	22.2	— 5	18	23
	Varsovie.	52 13 —	18 42 —	121	7.5	— 2.5	17.5	20.0	— 4	18	22
	Cracovie.	50 4 —	17 37 —	201	8.0	— 3.3	19.1	22.4	— 5	19	24
	Berlin.	52 31 —	11 3 —	39	8.6	— 0.8	17.3	18.1	— 2	18	20
	Breslau.	51 6 —	14 42 —	140	8.1	— 1.0	17.3	18.3	— 1	19	20
	Dresde.	51 3 —	11 24 —	121	8.5	— 0.4	17.2	17.6	— 2	18	20
Pénin-sulaire. .	Stralsund	54 19 —	10 45		8.2	— 0.2	16.5	16.7	— 1	17	18
	Praestoe (Danemark)	55 7 —	9 43 E.		8.0	— 0.3	16.2	16.5	— 1	16	17
	Hambourg. . . .	53 29 —	7 38		8.6	— 0.3	16.7	16.7	— 1	17	18
	Apenrade	55 3 —	7 5		8.3	0.6	16.2	16.2	+ 0	16	16
Insulaire	Manchester. . . .	53 20	4 55 O.	47	8.7	2.8	14 8	12.0	[illegible]	15	13
	Dublin.	53 23 —	8 41 —		9.5	4.6	15.3	10.7	4	16	14
	Alderley rectory. .	53 20 —	4 40 —		8.3	2.7	14.0	11.3	2	14	12
	Londres.	51 31 —	2 26 —		10.4	4.2	17.1	12.9	3	17	14
	Port Famine . . .	53 38 S.	73 14 —		5.25	0.60	10.0	9.4	— 0.6	10	11.4
	Iluluk (Am. russe).	53 52 N.	168 45 —		4.1	0.1	10.5	10.6	— 1	12	13
	T. n° 4. Lieux situés entre 50° et 45°.										
Littoral amér. or.	Montreal.	45 31 —	75 55 O.		6.5	— 8.1	20.6	28.7	— 9	21	28
	St-Laurence. . . .	44 40 —	77 20 —	121	6.2	— 6.8	18.6	25.4	— 7	20	27
	Halifax.	44 39 —	65 57 —		6.2	— 4.4	17.2	21.6	— 5	19	24
Conti-nental. .	Vienne.	48 13 —	14 3 —	156	10.1	0.2	20.3	20.1	1.0	20	20
	Mannheim. . . .	49 29 —	6 8 —	92	10.3	1.5	19.5	18	0.0	20	20
	Carlsruhe	49 1 —	6 5 E.	113	10.2	1.1	18.9	17.8	0.0	19	19
	Strasbourg. . . .	48 35 —	5 25 —	146	9.8	1.1	18.1	17.0	0	18	18
	Trèves.	49 46 —	4 18 —	156	10.0	1.9	17.8	16.9	0	18	18
	Paris.	48 50 —	0 0	64	10.8	3.3	18.1	14.8	1	18	17
	Fort Vancouver . .	45 38 —	122 34 O.		[illegible]	4.2	18.2	10	1	19	10
Littoral. .	Padoue.	45 24 —	9 32 —		12.5	2.8	21.9	20.9	1	22	21
	Fort George . . .	46 18 —	123 30		10.1	3.8	15.5	11.7	2	16	14
	La Rochelle. . . .	46 9 —	3 20		11 0	4.2	19.4	15.2	2	20	10
	Cherbourg. . . .	49 39 —	3 58		11.2	5.2	17.3	12.1	3	17	14
Insulaire	Gosport.	50 48 —	3 26		11.0	5.0	17.1	12.1	3	17	14
	Plymouth	50 22 —	6 28		11.1	6.9	16.0	9.1	5	16	11
	Penzance.	50 7 —	7 35		11.1	6.6	16.5	9.9	5	17	12

CLIMATS	LIEUX.	LATITUDE. de Paris.	LONGITUDE.	HAUTEUR au-dessus de la mer.	TEMPÉRATURE MOYENNE. Année.	Hiver.	Été.	Différence des 2 moy.	Mois le plus froid.	Mois le plus chaud.	Différence.
	Table no 5. Lieux situés entre 45o et 40o latitude.										
Continental.	Fort Howard (Michigan)	44° 40' N.	89° 22' O.	180 m	6.6°	— 7.3°	20.5°	27.8°	— 7	23	30°
	Councill Bluffs (Ét.-Unis	41 25 O.	98 3 O.	325	9.7	— 5.2	23.2	28.4	— 6	23	29
	Rochester (Ét.-Unis)	43 8 —	80 11 O.	156	9.1	— 2.5	20.3	22.8	— 3	22	25
	Albany (*id.*)	42 39 —	76 5 —	38	9.2	— 3	20.9	23.9	— 3	22	25
Littoral améric.	Salem	40 24 —	76 33 —		12.1	2.2	21.1	18.9			
	Boston	42 31 O.	73 14 O.		8.9	— 2.6	20.6	23.2	— 3	21	24
	Middletown (*id.*)	42 21 O.	73 24 O.		9.3	— 1.6	20.5	22.1	— 3	21	24
Ins. aust.	Hobartown	42 45 S.	145 15 O.		11.3	5.6	17.3	11.7	4	17	13
Littoral.	Constantinople	41 0 N.	26 39 E.		13.7	4.8	23.0	18			
	Bordeaux	44 50 —	2 55 O.		13.9	6.1	21.7	15.6	5	22	17
	Florence	43 47 —	8 55 E.	64	15.2	6.8	24.0	17.2	5	25	20
	Perpignan	42 42 —	0 34 O.	33	15.5	7.2	23.9	16.7	5	25	20
	Marseille	43 18 —	3 2 E.	45	14.1	6.9	21.4	14.5	5	22	17
	Toulon	43 7 —	3 36 E.		15.1	8.6	22.3	13.7	7	23	16
	Nice	43 42 —	4 57 E.		15.6	9.3	22.5	13.2	8	23	15
Péninsulaire.	Rome	41 54 —	10 8 —	53	15.4	8.1	22.9	14.8	7	23	16
	Naples	40 51 —	11 55 —		16.4	9.8	23.8	14	9	24	15
	T. no 6. Lieux entre 40o et 35o latitude.										
Continental.	Marietta	39 25 N.	83 50 O.	195?	11.6	0.8	21.9	21.1	0	22	22
	Cincinnati	39 6 —	86 47 —	162	12.2	0.5	22.8	22.3	— 1	23	24
	St-Louis (Missouri)	38 36 —	91 56 —	170	13.0	0.7	22.4	21.7	— 1	25	26
Littoral amér.	Baltimore	39 17 —	78 58 O.		11.6	0.4	23.1	22.7	-6.0	24	24
	Chapel-Hill	35 54 —	81 19 O.		15.7	5.4	25.2	19.8	2	25	23
Littoral.	Constantine	36 20 —	4 14 E.		17.2	10.2	26.6	16.4			
	Tunis	36 48 —	7 51 —		20.3	13.2	28.3	15.1	11	30	19
	Smyrne	38 26 —	21 48 —		18.2	11.1	26.0	14.9			
	Alger	36 47 —	0 45 —		17.8	12.4	23.6	11.2	14	24	10
Péninsulaire.	Gibraltar	36 7 —	7 41 O.		17.9	13.8	22.7	8.9	13	23	10
	Lisbonne	38 42 —	11 29 O.	72	16.4	11.3	21.7	10.4	11	22	11
Insulaire	Cagliari	39 13 —	4 6 E.		16.3	10.2	22.4	12.2	8	23	15
	Palerme	38 7 —	11 1 E.	101	17.0	11.4	23.5	12.1	10	24	14
	Messine	38 11 —	13 14 E.	55	18.8	12.8	25.1	12.3	12	26	14
	T. no 7. Lieux entre 35o et 30o.										
Littoral.	Abbeville (Caroline)	34 10 N.	84 46 O.		17.5	8.3	26.7	18.4			
	Smithville	34 N.	80 25 O		19.3	14.1	25.2	15.2	13	26	13
	Montevideo	34 54 S.	58 33 O.		19.3	14.1	25.2	11.1	13	26	13
	Cap de Bonne Espér.	33 55 —	16 8 E.		19.1	14.8	23.4	8.6	14	24	10
	Paramatta, N. Holl.	33 50 S.	148 50 E.		18.1	12.5	23.3	10.8	11	24	13
Insulaire	St-George (Bermud.)	32 20 N.	67 10 O.		19.7	15.1	24.0	8.9	14	24	10
	Funchal (Madère)	32 28 N.	19 13 O.		18.7	16.3	21.1	4.8	15	22	7
	T. no 8. Lieux entre 30o et 25o.										
Péninsulaire.	St-August. (Floride)	29 48 N.	83 53 O.		22.3	15.5	28.2	12.9			
	Fort King (Floride)	29 03 —	84 30 —		22.0	16.5	28.1	11.9			
Insulaire	Las Palmas (Canar.)	28 0 —	17 51 O.		21.8	15.0	25.8	9.8	17	29	12
	Ste-Croix (Teneriffe)	28 28 —	18 53 O.		21.9	18.1	24.9	6.8	17	26	9
	T. no 9. Lieux entre 30o et 20o latitude.										
Littoral.	Canton	23 8 N.	110 36 E.		21.0	12.7	27.8	15.1	11	28	17
	Macao	22 11 N.	111 14 E.		22.3	16.4	28.2	11.8	14	28	14
	Rio-Janeiro	22 55 S.	45 36 O.	48	23.1	20.3	26.1	6.0	19	26	7
	Ava (Asie)	21 40 N.	113 40 E.	87	25.7	20.4	28.7	8.3	18	30	12
	Calcutta	22 33 N.	86 O.		25.8	19.9	28.1	8.2	18	29	11
	Key-West	24 34	84 13 —		24.7	21.5	28.1	6.6	21	28	7
Insulaire	Honorourou (Sandw.)	21 19 N.	160 21 O.		25.7	21.6	25.5	3.9	21	25	4
	La Havane (Cuba)	23 9 N.	84 43 O.		25.0	22.6	27.4	4.8	21	27	6
	St-Denis (Bourbon)	20 52 N.	55 10 —	22	25.0	22.6	26.7	4.1	22	27	5
	Matanzas (Cuba)	23 2 N.	83 58 —		25.5	22.5	27.6	5.1	21	27	6

CLIMATS.	LIEUX.	LATITUDE.	LONGITUDE.	HAUTEUR au-dessus de la mer.	TEMPÉRATURE MOYENNE. Année.	Hiver.	Été.	Différence des 2 moy.	Mois le plus froid.	Mois le plus chaud.	Différence.
	Table n° 10. Lieux entre 20° et 10° latitude.										
		° ′ N.	° ′		°	°	°	°			°
Littoral.	Bombay	18 56 —	70 34 E.		26.0	23.2	28.1	4.9	22	29	7
	Cumana	10 28 —	66 30 E.		27.4	27.0	28.6	1.6	26	29	3
	Anjarukandy	11 40 —	73 20 O.		27.2	26.9	26.1	0.8	25	29	4
	Madras	13 5 —	77 57 E.		27.8	24.8	30.2	5.2	24	31	7
	Maracaybo	11 19 —	76 29 O.		29.0	27.0	30.4	3.4	27	30	3
Insulaire	Jamaïque	17 50 —	79 2 —		26.1	24.6	27.0	2.4	24	27	3
	Tortola (Antilles)	18 27 —	67 0 —		26.2	25.5	27.0	1.5	24	27	3
	St-Barthélemy (*id.*)	17 53 —	65 20 —		26.1	26.2	27.4	2.5	25	28	3
	T. n° 11. Lieux entre 10° et 0°.										
Littoral.	Paramaribo (Guy.)	5 45 N.	57 33 O.		26.5	25.9	26.9	1.0	25	28	3
	Christiansborg	5 24 N.	2 10 O.		27.2	26.9	29.0	2.1	24	29	5
	St-Luis de Maranhao	2 31 S.	46 36 O.		27.1	27.1	27.0	1.0	26	27	1
	Côte de Guinée	5 30 N.	2 0 O.		27.4	28.4	28.3	0.1	25	28	3
Insulaire	Trinconomale (Ceyl.)	8 34 —	79 2 O.		27.4	25.7	28.9	3.2	25	29	4
	Sinkapour	1 17 N.	101 30 E.		25.9	25.9	27.1	1.2	25	27	2
	Batavia	6 9 S.	104 33 E.		26.6	26.2	27.2	1.0	25	27	2

Tables des températures moyennes de quelques lieux situés à une élévation de 2990 à 1413ᵐ.

Table n° 12.

LIEUX.	LATITUDE.	LONGITUDE.	HAUTEUR au-dessus du niveau de la mer.	TEMPÉRATURES MOYENNES. Année.	Hiver.	Été.	Différences.
Casino, Etna	37 10 N.	12 41 E.	2990m	— 1.3	— 8.6	+ 6.6	15.2
St-Bernard	45 50 —	4 45 E.	4843m	— 1.0	— 7.8	+ 6.1	14.9
St-Gothard	46 23 —	6 14 —	2093	— 0.8	— 7	+ 6.7	14.3
Darjiling	27 0 —	86 4 —	2124	+12	+ 5.4	+16.3	10.9
Otacamound	11 55 —	74 30 —	2241	13.9	11.4	16.3	4.9
Santa-Fé de Bogota	4 36 —	76 34 O.	2631	15	15.1	15.3	0.2
Quito	0 14 —	81 5 —	2914	15.6	15.4	15.6	0.2
Mexico	19 26 —	101 26 —	2271	16.6	13.0	19.1	2.5
Moussouri (Inde)	30 27 —	75 42 E.	1910	14	5.5	19.8	14.3
Lohughat (Inde)	29 23 —	76 56 —	1696	15.2	7.5	21.2	13.7
Kathmandou (Inde)	27 42 —	85 20 —	1413	17.3	8.4	24.3	15 9

Table n° 13.

Tableau comparatif des hauteurs de la limite des neiges perpétuelles dans les deux hémisphères, dans les climats insulaires, péninsulaires, littoraux et continentaux sous les mêmes latitudes.

CLIMAT INSULAIRE.			CLIMAT PÉNINSULAIRE				CLIMAT LITTORAL.				CLIMAT CONTINENTAL.			
Lieux.	Latitude.	Limite infér. des neiges pp.	Lieux.	Latitude.	Limite infér. des neiges pp.	Différence.	Lieux.	Latitude.	Limite.	Différence.	Lieux.	Latitude.	Limite.	Différence.
	° ′			° ° ′				° ° ′				° ′		
Il Majeroë. . .	71 15 N.	720m	Norwége intér. .	70 70 15	1072	352								
Islande Osterjoc-kull.	65	936m	Norwége intér. .	66 67	1266	330								
Ounalachka. . .	53 44 N.	1070												
Dét. de Magellan.	53 54 S.	1150												
Ile Georgia. . .	54 55 S.	0?	Kamtchatka (Cheveluck V.). . .	56 40	1600	1600								
							Alpes.	45 45 46	2708m	1335				
Chiloë.	41 43o S.	1900m	Pyrénées. . . .	42 20 45	2728m	825	Caucase. . . .	42 47 46	2708m					
Sicile, Etna (1). .	37 30′	2905	Mont-Argœus. . .	38 33	3266	361								
Sicile, Etna. . .	37 30	2905	Espagne, Sierra Nevada de Grenade	37 10	3410	505	Mont Ararat. . .	39o 42′ N.	4318 ?	1423	Mont Bolor. . .	37 30	5185	2280
											Hindou Kho, V.S.	34 30	5956	
							Chili (il ne pleut jamais. . . .	33 S.	4482		Himalaya, V. N. .	30 45 51	5067	585
											Himalaya, V. S. .		5956	1111
											Mexique. . . .	19 19 15	4500	
							Abyssinie. . . .	13 10 N.	4287					
							Cordilière orient. (Il ne pleut jamais.)	14 S.	4852					
							Cordilière occid.		5646					
							Amérique mérid. (Sierra nevada de Merida) . .	8 5	4550					
							Amérique mérid. (Tolmer V.). .	4 26	4670					
							Amérique mérid. (Puracé vol). .	2 18	4688					
							Andes de Quito. .	1o 1o30	4812					
							Equateur Quito. .	0 0	4824					

(1) La limite des neiges perpétuelles est probablement trop basse, au mont l'Etna les neiges disparaissent quelquefois presqu'entièrement.
(Elie De Beaumont).

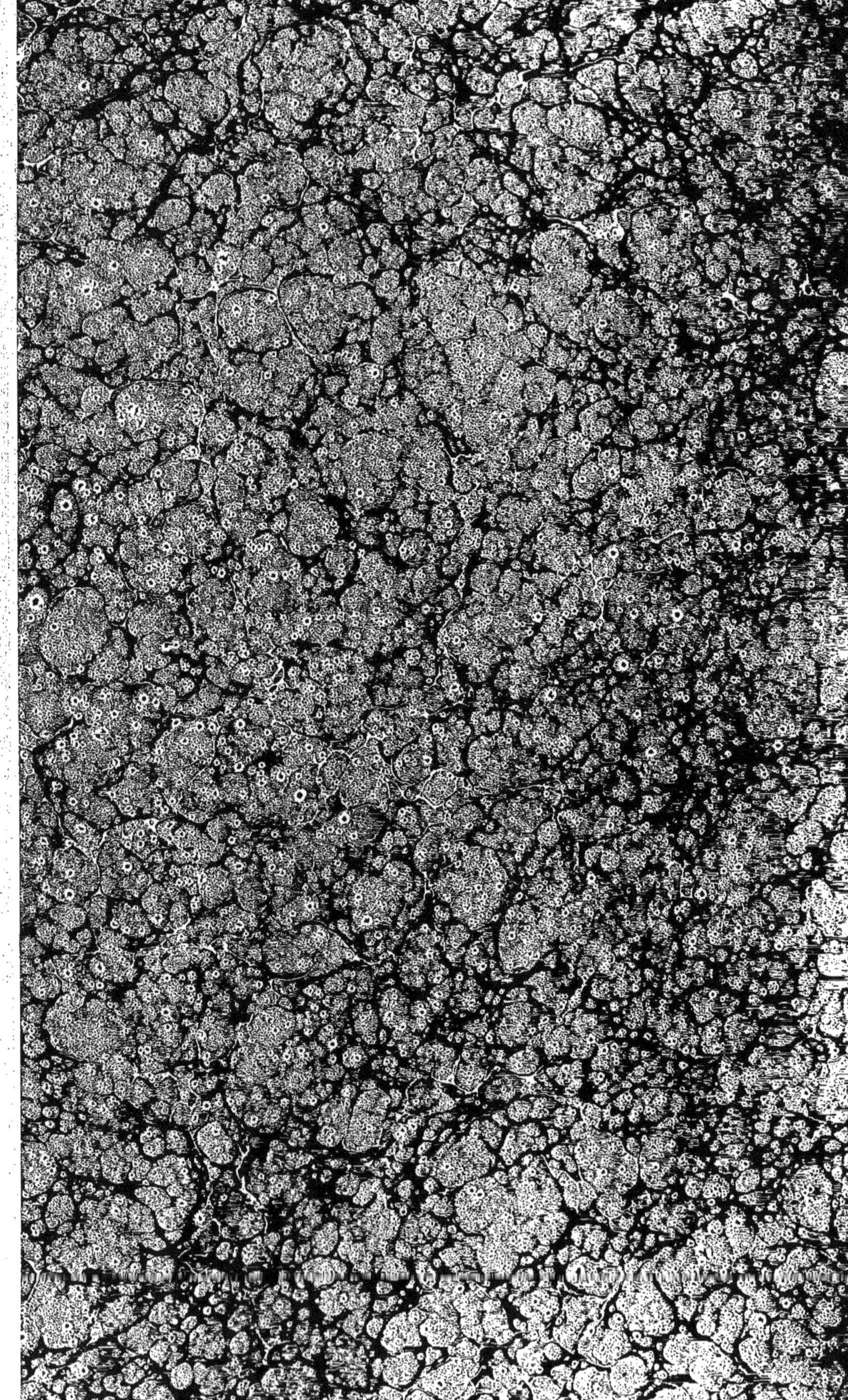

www.ingramcontent.com/pod-product-compliance
Ingram Content Group UK Ltd.
Pitfield, Milton Keynes, MK11 3LW, UK
UKHW020254250726
13967UKWH00004B/1687